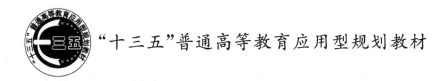

"十三五"普通高等教育应用型规划教材

大学计算机基础——项目化教程

主 编 张 莹 马大勇 王洪艳
副主编 孔德汉 孙爱婷

北京邮电大学出版社
·北京·

内 容 摘 要

本书是根据《教育部关于全面提高高等教育质量的若干意见》精神,为满足大学计算机"服务于学生社会就业及其专业本身所需要的计算机的知识、技术及应用能力的培养,以造就更多的创新、创业人才"的教学总体目标要求编写而成的,以达到提升大学生信息素养和信息应用能力的目的。全书共分为 7 个项目,主要内容包括计算机基础知识、Windows XP 操作系统、Windows 7 操作系统、Word 2010 文档排版、Excel 2010 电子表格、PowerPoint 2010 演示文稿、计算机网络及安全基础。

本书内容全面、条理清晰、图文并茂,以项目为引领,以任务为主线。全书采用理论知识点与实践能力相结合的教学设计模式,在注重基础知识、基本原理和方法的同时,以任务式教学方式培养学生的实际应用能力。

本书可作为高等学校的教材,也可以供各类计算机培训机构或其他读者学习使用。

图书在版编目(CIP)数据

大学计算机基础:项目化教程/张莹,马大勇,王洪艳主编. -- 北京:北京邮电大学出版社,2016.7
ISBN 978-7-5635-4727-2

Ⅰ.①大… Ⅱ.①张… ②马… ③王… Ⅲ.①电子计算机—高等学校—教材 Ⅳ.①TP3

中国版本图书馆 CIP 数据核字(2016)第 067737 号

书　　名	大学计算机基础——项目化教程
主　　编	张　莹　马大勇　王洪艳
责任编辑	付小霞
出版发行	北京邮电大学出版社
社　　址	北京市海淀区西土城路 10 号(100876)
电话传真	010-82333010　62282185(发行部)　010-82333009　62283578(传真)
网　　址	www.buptpress3.com
电子信箱	ctrd@buptpress.com
经　　销	各地新华书店
印　　刷	北京泽宇印刷有限公司
开　　本	787 mm×1 092 mm　1/16
印　　张	17
字　　数	421 千字
版　　次	2016 年 7 月第 1 版　2016 年 7 月第 1 次印刷

ISBN 978-7-5635-4727-2　　　　　　　　　　　　　　定价:38.00 元

如有质量问题请与发行部联系

版权所有　侵权必究

前 言

计算机是人们感知世界、认识世界和创造世界的工具,掌握计算机的知识与技术,适应信息时代的需要,是当今大学生学习现代科学的基础,同时也是大学生进入现代社会所具备的重要技能与手段之一。随着计算机科学的迅速发展和国家对大学生成为应用型、创新型人才提出新的培养要求,国内各高等学校的计算机基础教育也迈上了新的台阶,步入了一个全新的发展阶段。

本书的编写以项目为导向,以任务为引领,讲授计算机的基础操作技能,即学即用,突出应用能力和创新能力的培养。本书不仅能够培养学生基本的计算思维,而且还可为后续课程的学习做好必要的知识准备,使学生在各自的专业领域中能够有意识地借鉴并引入计算机中的技术及方法,以达到在更高层次上信息化的目的,提高学生的信息素养。

全书共分7个项目,项目一为计算机基础知识,主要介绍了计算机的基本概念及数制之间的转换;项目二为 Windows XP 操作系统,介绍 Windows XP 操作系统的基本使用方法;项目三为 Windows 7 操作系统,介绍 Windows 7 操作系统的基本使用方法;项目四为 Word 2010 文档排版,介绍 Word 2010 的基本功能及操作;项目五为 Excel 2010 电子表格,介绍 Excel 2010 的使用界面、基本操作、图表及数据处理技术;项目六为 PowerPoint 2010 演示文稿,介绍 PowerPoint 的创建、使用和演示文稿的编辑;项目七为计算机网络及安全基础,主要讲述了计算机网络的基本概念、相关操作和病毒的防范等内容。

本书由多年从事计算机基础课程教学、具有丰富教学和实践经验的教师编写,既注重计算机基础知识及技术,又强调实际应用能力。本书由张莹、马大勇、王洪艳担任主编,由孔德汉、孙爱婷担任副主编,具体章节的执笔分工如下:项目一由孔德汉编写,项目二由张莹编写,项目三由张莹、蒋再兴编写,项目四由张莹、于硕编写,项目五由王洪艳编写,项目六由孙爱婷编写,项目七由马大勇编写,附录由张莹编写,全书由张莹教授定稿。

由于信息技术发展较快、知识面较广,加之作者水平有限,因此书中难免有错误与不妥之处,恳请广大读者批评指正。

编 者
2016 年 1 月

目 录

项目一 计算机基础知识 ……………………………………………………………… 1

【引子】 ………………………………………………………………………………… 1
【本章内容提要】 ……………………………………………………………………… 1
【理论知识】 …………………………………………………………………………… 1
    理论知识点一：计算机的分类与应用 …………………………………………… 1
    理论知识点二：不同进制数之间的转换 ………………………………………… 3
    理论知识点三：计算机系统的基本组成 ………………………………………… 8
    理论知识点四：计算机中的编码 ………………………………………………… 14
【实践任务】 …………………………………………………………………………… 17
    实践任务一：用降幂法实现十进制和二进制的转换 …………………………… 17
    实践任务二：按精度要求实现十进制和二进制的转换 ………………………… 17
思考与练习 ……………………………………………………………………………… 18

项目二 Windows XP 操作系统 ……………………………………………………… 20

【引子】 ………………………………………………………………………………… 20
【本章内容提要】 ……………………………………………………………………… 20
任务一 开始菜单的使用 ……………………………………………………………… 20
  【任务描述】 ………………………………………………………………………… 20
  【相关知识】 ………………………………………………………………………… 21
  【任务实施】 ………………………………………………………………………… 22
    子任务1 启动应用程序 ………………………………………………………… 22
    子任务2 利用搜索命令查找文件 ……………………………………………… 23
    子任务3 使用运行命令 ………………………………………………………… 23
    子任务4 自定义开始菜单 ……………………………………………………… 24
任务二 文件管理 ……………………………………………………………………… 25
  【任务描述】 ………………………………………………………………………… 25
  【相关知识】 ………………………………………………………………………… 25
  【任务实施】 ………………………………………………………………………… 26
    子任务1 选定文件或文件夹 …………………………………………………… 26

子任务2　创建文件或文件夹 ……………………………………………………… 26
　　子任务3　打开文件或文件夹 ……………………………………………………… 27
　　子任务4　复制、移动文件或文件夹 ……………………………………………… 27
　　子任务5　删除文件或文件夹 ……………………………………………………… 28
　　子任务6　重命名文件或文件夹 …………………………………………………… 28
　　子任务7　修改文件或文件夹的属性 ……………………………………………… 28

任务三　设置个性化桌面——桌面操作 …………………………………………………… 29
　【任务描述】………………………………………………………………………………… 29
　【相关知识】………………………………………………………………………………… 29
　　子任务1　创建桌面图标 …………………………………………………………… 30
　　子任务2　添加快捷方式 …………………………………………………………… 31
　　子任务3　重排图标 ………………………………………………………………… 32
　　子任务4　在回收站中恢复已经被删除的文件或文件夹 ………………………… 32
　　子任务5　清空回收站的所有内容 ………………………………………………… 32
　　子任务6　回收站属性的设置 ……………………………………………………… 33
　　子任务7　改变任务栏的位置和大小 ……………………………………………… 33
　　子任务8　任务栏的属性设置 ……………………………………………………… 34
　　子任务9　添加或取消工具栏 ……………………………………………………… 35
　　子任务10　新建工具栏 ……………………………………………………………… 35

任务四　资源管理器和控制面板的使用 …………………………………………………… 36
　【任务描述】………………………………………………………………………………… 36
　【相关知识】………………………………………………………………………………… 36
　【任务实施】………………………………………………………………………………… 38
　　子任务1　启动资源管理器 ………………………………………………………… 38
　　子任务2　在资源管理器查看隐藏的文件和文件夹 ……………………………… 38
　　子任务3　在控制面板中设置桌面背景 …………………………………………… 39
　　子任务4　在控制面板中自定义桌面 ……………………………………………… 39
　　子任务5　在控制面板中设置屏幕保护程序 ……………………………………… 40
　　子任务6　在控制面板中设置屏幕分辨率 ………………………………………… 41
　　子任务7　在控制面板中设置用户账户 …………………………………………… 41
　　子任务8　在控制面板中添加或删除程序 ………………………………………… 43
　　子任务9　在控制面板中添加或删除输入法 ……………………………………… 43

任务五　清理与维护计算机——磁盘管理 ………………………………………………… 45
　【任务描述】………………………………………………………………………………… 45
　【相关知识】………………………………………………………………………………… 45
　【任务实施】………………………………………………………………………………… 47
　　子任务1　对磁盘进行格式化操作 ………………………………………………… 47

目 录

  子任务 2 整理磁盘碎片 …………………………………………………………… 47

  子任务 3 查看磁盘的硬件信息及更新驱动程序 ……………………………… 48

 思考与练习 ……………………………………………………………………………… 50

项目三 Windows 7 操作系统 …………………………………………………… 52

 【引子】 …………………………………………………………………………………… 52

 【本章内容提要】 ………………………………………………………………………… 52

 任务一 Windows 7 的基本信息 …………………………………………………… 52

  【任务描述】 …………………………………………………………………………… 52

  【相关知识】 …………………………………………………………………………… 52

  【任务实施】 …………………………………………………………………………… 54

   子任务 1 打开"系统"窗口 …………………………………………………… 54

 任务二 设置个性化桌面——桌面操作 ……………………………………………… 55

  【任务描述】 …………………………………………………………………………… 55

  【相关知识】 …………………………………………………………………………… 55

  【任务实施】 …………………………………………………………………………… 58

   子任务 1 在桌面上显示常用的图标 …………………………………………… 58

   子任务 2 更改桌面主题 ………………………………………………………… 58

   子任务 3 设置桌面背景 ………………………………………………………… 59

   子任务 4 设置屏幕保护 ………………………………………………………… 60

   子任务 5 设置窗口颜色 ………………………………………………………… 60

   子任务 6 调整桌面分辨率 ……………………………………………………… 61

   子任务 7 设置桌面小工具 ……………………………………………………… 61

   子任务 8 创建快捷方式 ………………………………………………………… 62

   子任务 9 设置任务栏属性 ……………………………………………………… 63

 任务三 文件的各类操作——文件管理 ……………………………………………… 64

  【任务描述】 …………………………………………………………………………… 64

  【相关知识】 …………………………………………………………………………… 64

  【任务实施】 …………………………………………………………………………… 69

 任务四 控制面板的操作 ………………………………………………………………… 70

  【任务描述】 …………………………………………………………………………… 70

  【相关知识】 …………………………………………………………………………… 70

  【任务实施】 …………………………………………………………………………… 75

   子任务 1 创建、更改用户账户 ………………………………………………… 75

   子任务 2 设置鼠标显示指针轨迹 ……………………………………………… 76

   子任务 3 添加、删除输入法 …………………………………………………… 77

   子任务 4 切换输入法 …………………………………………………………… 78

         子任务 5 更改时区、日期和时间 ……………………………… 78
         子任务 6 在线更新系统时间和日期 ……………………………… 80
         子任务 7 卸载应用程序 ……………………………… 81
    任务五 磁盘管理 ……………………………… 81
      【任务描述】 ……………………………… 81
      【相关知识】 ……………………………… 82
      【任务实施】 ……………………………… 83
         子任务 1 对磁盘进行格式化操作 ……………………………… 83
         子任务 2 对 C 盘进行磁盘清理 ……………………………… 83
         子任务 3 对 C 盘进行磁盘碎片整理 ……………………………… 84
    思考与练习 ……………………………… 86

项目四　Word 2010 文档排版 ……………………………… 87

   【引子】 ……………………………… 87
   【本章内容提要】 ……………………………… 87
   任务一 创建一个文档——Word 的基本操作 ……………………………… 87
      【任务描述】 ……………………………… 87
      【相关知识】 ……………………………… 88
      【任务实施】 ……………………………… 94
         子任务 1 字体设置 ……………………………… 94
         子任务 2 段落设置 ……………………………… 95
         子任务 3 设置页面背景颜色 ……………………………… 96
   任务二 研究报告的编写——文档中插入图形、表格与公式 ……………………………… 96
      【任务描述】 ……………………………… 96
      【相关知识】 ……………………………… 96
      【任务实施】 ……………………………… 104
         子任务 1 设计研究报告版面并输入文字 ……………………………… 104
         子任务 2 插入研究报告中的表格 ……………………………… 105
         子任务 3 插入图形 ……………………………… 106
         子任务 4 插入公式 ……………………………… 106
   任务三 文档按要求排版——排版设置 ……………………………… 107
      【任务描述】 ……………………………… 107
      【相关知识】 ……………………………… 108
      【任务实施】 ……………………………… 114
         子任务 1 页边距设置 ……………………………… 114
         子任务 2 设置水印 ……………………………… 114
         子任务 3 插入标题 ……………………………… 115

子任务 4　设置段间距与行间距 ……………………………………………………………… 115
　　子任务 5　插入"边线型提要栏"文本框 ………………………………………………… 116
　　子任务 6　字体设置 ………………………………………………………………………… 116
　　子任务 7　设置图片环绕方式 ……………………………………………………………… 116
任务四　广告宣传单制作 …………………………………………………………………………… 117
　【任务描述】…………………………………………………………………………………… 117
　【相关知识】…………………………………………………………………………………… 118
　【任务实施】…………………………………………………………………………………… 123
　　子任务 1　纸张方向与页面颜色 …………………………………………………………… 123
　　子任务 2　输入题头 ………………………………………………………………………… 123
　　子任务 3　插入文本框作为白色背景 ……………………………………………………… 124
　　子任务 4　将内容分为三栏，插入 2 个表格与 1 个文本框 ……………………………… 124
　　子任务 5　插入形状并填充颜色 …………………………………………………………… 125
　　子任务 6　插入文本框并输入地址与电话号码 …………………………………………… 125
　　子任务 7　自绘制图形插入到宣传单中 …………………………………………………… 125
任务五　毕业论文的排版与批注 …………………………………………………………………… 126
　【任务描述】…………………………………………………………………………………… 126
　【相关知识】…………………………………………………………………………………… 126
　【任务实施】…………………………………………………………………………………… 130
　　子任务 1　文档录入 ………………………………………………………………………… 130
　　子任务 2　信息检索 ………………………………………………………………………… 130
　　子任务 3　图表制作 ………………………………………………………………………… 131
　　子任务 4　目录生成 ………………………………………………………………………… 132
　　子任务 5　插入封面 ………………………………………………………………………… 133
　思考与练习 ……………………………………………………………………………………… 133

项目五　Excel 2010 电子表格 …………………………………………………………………… 136
　【引子】………………………………………………………………………………………… 136
　【本章内容提要】……………………………………………………………………………… 136
任务一　创建学生综合成绩表——Excel 2010 基本操作 ………………………………………… 136
　【任务描述】…………………………………………………………………………………… 136
　【相关知识】…………………………………………………………………………………… 137
　【任务实施】…………………………………………………………………………………… 141
　　子任务 1　创建、保存和打开工作簿 ……………………………………………………… 141
　　子任务 2　输入数据 ………………………………………………………………………… 142
　　子任务 3　使用公式计算每个学生的总成绩 ……………………………………………… 145
　　子任务 4　生成学生综合成绩表——工作表的增加、删除、移动和重命名 …………… 147

子任务 5　将"外语成绩表"中的数据复制到"学生综合成绩表"中——单元格数据的移动、复制和粘贴 …… 148
　　　子任务 6　使用函数计算总分、平均分及排名 …… 150
任务二　编辑学生综合成绩表——格式化工作表 …… 155
　【任务描述】 …… 155
　【相关知识】 …… 156
　【任务实施】 …… 157
　　　子任务 1　插入（删除）行、列、单元格 …… 157
　　　子任务 2　为表格内容设置字符格式、对齐方式和数字格式 …… 158
　　　子任务 3　调整单元格的行高与列宽 …… 160
　　　子任务 4　为表格添加边框和底纹 …… 161
　　　子任务 5　为表格添加条件格式 …… 162
　　　子任务 6　套用表格样式 …… 165
任务三　处理学生综合成绩表中的数据——数据的处理与分析 …… 166
　【任务描述】 …… 166
　【相关知识】 …… 166
　【任务实施】 …… 168
　　　子任务 1　按学生的总分进行排序 …… 168
　　　子任务 2　筛选出"大学英语大于90分"的学生记录 …… 170
　　　子任务 3　筛选出总分小于200分的女生或总分大于250分的男生 …… 171
　　　子任务 4　按照"性别"字段对"高等数学"进行分类汇总 …… 172
　　　子任务 5　创建和编辑"学生综合成绩表"图表 …… 174
任务四　打印学生综合成绩表——打印设置 …… 177
　【任务描述】 …… 177
　【相关知识】 …… 177
　【任务实施】 …… 178
　　　子任务 1　设置打印方向和边界 …… 178
　　　子任务 2　设置页眉和页脚 …… 179
　　　子任务 3　预览和打印文件 …… 180
　知识拓展 …… 181
　　　子任务 1　为工作表设置密码——保护工作表 …… 181
　　　子任务 2　为部分单元格设置密码保护——保护单元格 …… 182
　　　子任务 3　冻结工作表的首行或首列 …… 183
　思考与练习 …… 183
项目六　PowerPoint 2010 演示文稿 …… 186
　【引子】 …… 186

【本章内容提要】 ··· 186
任务一　创建员工培训演示文稿——PPT基本操作 ······································· 186
　　【任务描述】 ··· 186
　　【相关知识】 ··· 186
　　【任务实施】 ··· 189
　　　　子任务1　创建、保存和打开演示文稿 ··· 189
　　　　子任务2　编辑幻灯片 ··· 191
　　　　子任务3　在"员工培训"演示文稿中插入文本 ····································· 193
　　　　子任务4　在"员工培训"演示文稿中插入图片和剪贴画 ······························· 195
　　　　子任务5　在"员工培训"演示文稿中插入图表 ······································· 195
　　　　子任务6　在"员工培训"演示文稿中插入声音和影片 ································· 197
　　　　子任务7　在"员工培训"演示文稿中插入页眉和页脚 ································· 197

任务二　美化演示文稿 ·· 198
　　【任务描述】 ··· 198
　　【相关知识】 ··· 198
　　【任务实施】 ··· 199
　　　　子任务1　设置"员工培训"幻灯片的主题 ··· 199
　　　　子任务2　设置"员工培训"幻灯片的背景 ··· 200
　　　　子任务3　设置"员工培训"演示文稿母版 ··· 201

任务三　演示文稿的特效制作 ··· 203
　　【任务描述】 ··· 203
　　【相关知识】 ··· 203
　　【任务实施】 ··· 203
　　　　子任务1　"员工培训"幻灯片的切换效果设置 ······································· 203
　　　　子任务2　"员工培训"幻灯片的动画效果设置 ······································· 205
　　　　子任务3　"员工培训"幻灯片的超链接设置 ··· 209

任务四　演示文稿的放映 ·· 210
　　【任务描述】 ··· 210
　　【相关知识】 ··· 210
　　【任务实施】 ··· 211
　　　　子任务："员工培训"幻灯片的放映 ··· 211
　　思考与练习 ··· 213

项目七　计算机网络及安全基础 ·· 216
　　【引子】 ··· 216
　　【本章内容提要】 ··· 216
　　【理论知识】 ··· 216

理论知识点一：计算机网络的定义及功能 …………………………………………… 216
　　理论知识点二：计算机网络的组成 ……………………………………………… 217
　　理论知识点三：计算机网络体系结构 …………………………………………… 224
　　理论知识点四：计算机网络的分类 ……………………………………………… 229
　　理论知识点五：互联网、内联网与外联网 ……………………………………… 233
　　理论知识点六：网络新技术简介 ………………………………………………… 238
　　理论知识点七：计算机网络的安全问题 ………………………………………… 241
　　理论知识点八：计算机病毒防范措施 …………………………………………… 243
　　理论知识点九：防火墙概述 ……………………………………………………… 249
【实践任务】 ……………………………………………………………………………… 251
　　实践任务：计算机网络 IP 地址设置 …………………………………………… 251
　思考与练习 ……………………………………………………………………………… 254
附录　汉字输入法 …………………………………………………………………… 256
参考文献 ……………………………………………………………………………… 259

项目一　计算机基础知识

【引子】

科学技术的高度发展,导致了电子计算机的诞生。电子计算机(computer)简称计算机,是一种由硬件、软件组成的复杂的自动化电子设备,能够按照事先存储的程序和数据,自动、高速地进行大量数值计算和各种数据处理。计算机的应用已经深入社会生产、生活的方方面面。计算机系统的基础知识已成为各专业大学生知识结构中必不可少的一部分。

【本章内容提要】

◇ 计算机的分类与应用
◇ 不同进制数之间的转换
◇ 计算机系统的基本组成
◇ 计算机中的编码

【理论知识】

理论知识点一:计算机的分类与应用

一、计算机的特点与分类

1. 计算机的特点

计算机的特点是运算速度快、计算精度高、可靠性好、记忆和逻辑判断能力强、存储容量大且数据不易损失、自动化程度高、具有多媒体及网络功能等。

2. 计算机的分类

计算机总体上分为模拟计算机和数字计算机两大类。数字计算机可分为专用计算机和通用计算机。我们通常所说的计算机是指通用电子数字计算机。通用计算机可分为超级计算机、大型机、服务器、个人计算机和单片机。不同类别的计算机在体积、功率损耗、运算速度和存储容量等性能指标、指令系统规模、价格等方面都有显著差异。超级计算机主要应用于科学计算，其运算速度极高，存储容量大，结构复杂，价格昂贵。单片机是只用一片集成电路制成的，体积小，结构简单，性能指标较低，价格低。介于超级计算机与单片机之间的计算机其性能指标等依次递减。这种分类是相对的，现在的个人计算机性能远远超出多年前的同类计算机。

二、计算机发展简史

现在所说的计算机通常是指数字计算机，有别于模拟计算机。模拟计算机的特点是数值由连续量来表示，计算过程也是连续的。数字计算机的特点是按位计算。

世界上第一台通用电子数字计算机 ENIAC（Electronic Numerical Integrator And Calculator，电子数字积分器和计算器），于1946年在美国宾夕法尼亚大学莫尔学院制成。从那时起到现在，计算机的发展经历了五代的变化。

1945年3月，冯·诺依曼（John Von Neumann，1903—1957）起草 EDVAC（电子离散变量自动计算机，Electronic Discrete Variable Automatic Computer）设计报告初稿，这份报告对后来的计算机影响很大，其中主要是确定计算机由五部分组成：运算器、控制器、存储器、输入和输出，采用存储程序及二进制。冯·诺依曼的参与开辟了电子计算机的新时代，但这台机器却长期停留在纸面上，直到1952年才正式建成。

第一代：1946年—20世纪50年代后期，电子管计算机，将电子管和继电器存储器用绝缘导线互连在一起，CPU用程序计数器和累加器顺序完成定点运算，采用机器语言或汇编语言。

第二代：20世纪50年代后期—20世纪60年代后期，晶体管计算机，采用分立式晶体三极管、二极管和铁氧体的磁芯存储器，用印刷电路将它们连接起来。采用有编译程序的高级语言、子程序库、批处理监控程序。

第三代：20世纪60年代后期—20世纪70年代前期，小规模或中规模集成电路计算机，微程序控制技术开始普及，软件方面采用多道程序设计和分时操作系统。

第四代：20世纪70年代前期—20世纪90年代初，大规模或超大规模集成电路（very large scale integration，VLSI）计算机，采用半导体存储器。此时产生了用于并行处理或分布处理的操作系统、软件工具和环境。

第五代：20世纪90年代初—现在，巨大规模集成电路（ultra large scale integration，ULSI）计算机，特点是进行大规模并行处理。

计算机更新换代的标志主要有两个：一是计算机的器件，器件的更新使速度、功能、可靠性不断提高，同时成本不断降低；二是计算机系统结构及特点不断改进，如通用寄存器、程序中断、虚拟存储器、Cache存储器等概念的出现及发展。

三、计算机的应用领域

计算机应用是计算机学科与其他学科相结合的边缘学科，也是计算机学科的组成部分。其应用领域可分为数值计算和非数值应用两大领域，主要可以概括为以下几个方面：

1．科学计算

科学计算是计算机应用的一个重要领域,如国防及尖端科学技术领域、航天、军事、工程设计、气象等,这些领域都需要进行复杂的计算。

2．数据处理

目前大部分的计算机在这一领域发挥作用。数据处理是利用电子计算机来加工、处理与操作任何形式的数据,如各种文字、数字、声音、图像、图表等。数据处理的应用很广泛,如地理信息系统、指挥信息系统、决策支持系统、情报检索系统、办公信息系统、银行信息系统、民航订票系统、医学信息系统、企业信息管理系统等。

3．计算机控制

计算机应用于生产过程的自动控制。采集的原始数据往往是电压、温度、机械位置等模拟量,需要转换为数字量(模/数转换),经计算机进行处理后,再转换成模拟量(数/模转换)对相关过程进行控制。

4．计算机辅助系统

借助计算机进行辅助设计,可以提高设计质量,缩短设计周期,提高设计自动化水平,如计算机辅助设计(computer-aided design,CAD)、计算机辅助制造(computer-aided manufacturing,CAM)等。

5．人工智能

人工智能(artificial intelligence,AI)研究的主要内容有:知识表示、自动推理、机器学习、定理证明、自然语言理解、计算机视觉、智能机器人等。

6．网络应用

利用计算机网络实现计算机与计算机之间的资源共享和数据通信,极大地改变了人们学习、生活和工作的方式。

理论知识点二:不同进制数之间的转换

一、进位计数制

1．十进制和二进制

数制是用数码符号来表示数值的方法。在日常生活中,人们使用最广泛的是十进制计数法。任意一个十进制数$(N)_{10}$可以表示为:

$$d_m d_{m-1} \cdots d_0 d_{-1} d_{-2} \cdots d_{-n}$$

其含义是

$$(N)_{10} = d_m \cdot 10^m + d_{m-1} \cdot 10^{m-1} + \cdots + d_1 \cdot 10^1 + d_0 \cdot 10^0 + d_{-1} \cdot 10^{-1} + d_{-2} \cdot 10^{-2} + \cdots + d_{-n} \cdot 10^{-n}$$

其中,$(N)_{10}$的下标10表示十进制,该数共有$m+n+1$位,整数部分为$m+1$位,小数部分为n

位,m 和 n 为正整数。d_i 可以是 0~9 十个数码中的任意一个。上式中的 10 为基数(base),十进制的基数是 10,即其数码的个数为 10 个,每个数计满 10 就向高位进位,即逢十进一,做减法时借一当十。式中相应于每位数字的 10^k 称为该位数字的权(weight),每位数字乘以其权所得到的乘积之和即为所表示数的值。例如:

$$(2\,014.82)_{10}=2\times10^3+0\times10^2+1\times10^1+4\times10^0+8\times10^{-1}+2\times10^{-2}$$

生活中还有其他的进位计数制,如表示时间的时、分、秒就是按 60 进制计数的,60 秒为 1 分,60 分为 1 小时。事实上,可以有任意的 R 进制数,表示为:

$$(N)_R=d_m\cdot R^m+d_{m-1}\cdot R^{m-1}+\cdots+d_1\cdot R^1+d_0\cdot R^0+d_{-1}\cdot R^{-1}+d_{-2}\cdot R^{-2}+\cdots+d_{-n}\cdot R^{-n}$$

d_k 可以是 $0,1,\cdots,R-1$ 中的任一个数码,R^k 是数值中各位相应的权。考虑到具有两种稳定状态并能相互转换的物理元件便于实现,计算机中采用二进制更加方便其存储和运算。二进制数的基数为 2,采用 0、1 这 2 个数码,遵循逢二进一的规则,各位的权以 2^k 表示,一个二进制数 $d_m d_{m-1}\cdots d_0 d_{-1} d_{-2}\cdots d_{-n}$ 的值为:

$$(N)_2=d_m\cdot 2^m+d_{m-1}\cdot 2^{m-1}+\cdots+d_1\cdot 2^1+d_0\cdot 2^0+d_{-1}\cdot 2^{-1}+d_{-2}\cdot 2^{-2}+\cdots+d_{-n}\cdot 2^{-n}$$

其中,$d_k(k=m,m-1,\cdots,1,0,-1,\cdots,-n)$ 为 0、1 这 2 个数码中的一个。例如:

$$(110101.01)_2=1\times2^5+1\times2^4+0\times2^3+1\times2^2+0\times2^1+1\times2^0+0\times2^{-1}+1\times2^{-2}$$
$$=(53.25)_{10}$$

2. 八进制和十六进制

由于二进制数对于人们来说,书写和阅读都不够方便,为此经常采用八进制数或十六进制数,同时必然会涉及各种进位计数制之间的转换问题。它们的基数和数码见表 1-1。

表 1-1 二进制、八进制、十进制和十六进制的基数和数码

进位计数制	基数	数码
二进制数	2	0,1
八进制数	8	0,1,2,3,4,5,6,7
十进制数	10	0,1,2,3,4,5,6,7,8,9
十六进制数	16	0,1,2,3,4,5,6,7,8,9,A,B,C,D,E,F

任意一个八进制数可以表示为:

$$(N)_8=d_m\cdot 8^m+d_{m-1}\cdot 8^{m-1}+\cdots+d_1\cdot 8^1+d_0\cdot 8^0+d_{-1}\cdot 8^{-1}+d_{-2}\cdot 8^{-2}+\cdots+d_{-n}\cdot 8^{-n}$$

式中,d_k 为 $0,1,\cdots,7$ 这 8 个数码中的任意一个。例如:

$$(25.12)_8=2\times8^1+5\times8^0+1\times8^{-1}+2\times8^{-2}=(21.15625)_{10}$$

任意一个十六进制数可以表示为:

$$(N)_{16}=d_m\cdot 16^m+d_{m-1}\cdot 16^{m-1}+\cdots+d_1\cdot 16^1+d_0\cdot 16^0+d_{-1}\cdot 16^{-1}+d_{-2}\cdot 16^{-2}+\cdots+d_{-n}\cdot 16^{-n}$$

式中,d_k 为 $0,1,\cdots,15$ 共十六个数码中的任意一个,通常用 0~9 表示十六进制数的 0~9,用 A~F 表示十六进制的 10~15。例如:

$$(2BE.5)_{16}=2\times16^2+11\times16^1+14\times16^0+5\times16^{-1}=(702.3125)_{10}$$

二进制数、八进制数、十六进制数和十进制数之间的关系可以参考表 1-2。

表 1-2　二进制、八进制、十六进制和十进制数对照表

二进制数	八进制数	十六进制数	十进制数
0000	0	0	0
0001	1	1	1
0010	2	2	2
0011	3	3	3
0100	4	4	4
0101	5	5	5
0110	6	6	6
0111	7	7	7
1000	10	8	8
1001	11	9	9
1010	12	A	10
1011	13	B	11
1100	14	C	12
1101	15	D	13
1110	16	E	14
1111	17	F	15
10000	20	10	16

通常，可以用数字后面跟一个特定的英文字母来表示该数的数制。十进制数一般用 D(decimal)、二进制数用 B(binary)、八进制数用 O(octal)、十六进制用 H(hexadecimal)。例如：123D,11011101B,257O,1EFH。

二、不同进制数之间的转换

1. 二进制数转换为十进制数

对各位二进制数的数码与其对应的权相乘之积求和，即得到对应的十进制数。参见前面例子。

2. 十进制数转换为二进制数

转换的方法较多，这里介绍降幂法和除法。

(1)降幂法。写出要转换的十进制数和所有小于该数的各位二进制权值，然后用要转换的十进制数减去与该数最接近的二进制权值，如果够减则减去，并在相应位记以 1，如果不够减则跳过该位并在相应位记以 0，对下一位如此操作，直到该数被减为 0 为止。

例如，某数 $N=107D$，小于 N 的二进制权值由大到小依次为：

即：
64	32	16	8	4	2	1
2^6	2^5	2^4	2^3	2^2	2^1	2^0
1	1	0	1	0	1	1

(得到的对应的二进制数)

详细计算过程如下：

$107-2^6=107-64=43$　　　　　　$(d_6=1)$

$43-2^5=43-32=11$ ($d_5=1$)

$11-2^4=11-16$(不够减)   ($d_4=0$)

$11-2^3=11-8=3$ ($d_3=1$)

$3-2^2=3-4$(不够减)   ($d_2=0$)

$3-2^1=3-2=1$ ($d_1=1$)

$1-2^0=1-1=0$ ($d_0=1$)

所以，$N=107\text{D}=1101011\text{B}$。

(2)除法。通常要对一个数的整数部分和小数部分分别进行转换，然后再加到一起。

对于整数部分，采用除以 2 取余数法。将十进制整数除以 2，记下余数(0 或 1)，该余数对应二进制数最低位的值。所得的商再除以 2，记下余数，该余数对应二进制数次低位的值，如此进行，直到商等于 0 为止，最后得到的余数 1 对应所求二进制数的最高位。

		余数		结果
2	117			
2	58	1	($d_0=1$)	最低位
2	29	0	($d_1=0$)	
2	14	1	($d_2=1$)	
2	7	0	($d_3=0$)	⋮
2	3	1	($d_4=1$)	
2	1	1	($d_5=1$)	
0		1	($d_6=1$)	最高位

所以，$117\text{D}=1110101\text{B}$。

对于小数部分，采用乘以 2 取整数法。将十进制小数乘以 2，记下整数部分(0 或 1)，该整数对应二进制小数最高位的值。对乘积的小数部分再乘以 2，记下整数部分，该整数对应二进制小数次高位的值，如此进行，直到乘积的小数部分等于 0 为止，或结果满足所需的精度要求为止。最后得到的整数对应所求二进制小数的最低位。例如，要将十进制小数 $N=0.8125\text{D}$ 转换为二进制数，过程如下：

	整数部分		结果
$0.8125\times 2=1.625$	1	($d_{-1}=1$)	最高位
$0.625\times 2=1.25$	1	($d_{-2}=1$)	
$0.25\times 2=0.5$	0	($d_{-3}=0$)	
$0.5\times 2=1.0$	1	($d_{-4}=1$)	最低位

所以，$0.8125\text{D}=0.1101\text{B}$。

当一个数既有整数部分又有小数部分时，分别对整数部分和小数部分进行转换，然后用小数点将两部分连在一起。例如：$117.8125\text{D}=1110101.1101\text{B}$。

3. 二进制数、八进制数和十六进制数之间的转换

二进制数、八进制数和十六进制数的基数分别为 2，2^3 和 2^4，由 3 位二进制数组成 1 位八进制数，由 4 位二进制数组成 1 位十六进制数。这也为转换带来了方便。

(1)二进制数转换成八进制数的方法是从小数点开始，向左、向右每 3 位分为一组，最高位和最低位的组不足 3 位时补 0。然后将每 3 位一组的二进制数用相应的八进制数码表示，即

可得到相应的八进制数。例如：

将$(11101110.0101101)_2$转换为八进制数。

分组后为：$(\underline{11}\ \underline{101}\ \underline{110}.\underline{010}\ \underline{110}\ \underline{1})_2$

补 0 后为：$(\underline{011}\ \underline{101}\ \underline{110}.\underline{010}\ \underline{110}\ \underline{100})_2$

用八进制数码表示，得：$(356.264)_8$。

(2) 八进制数转换成二进制数的方法是将每位八进制数用 3 位二进制数码表示，最后去掉最高位和最低位的 0 即可。例如：

将八进制数$(357.12)_8$转换为二进制数。

用二进制数码表示：$(\underline{011}\ \underline{101}\ \underline{111}.\underline{001}\ \underline{010})_2$

若最高位或最低位有 0，可以去掉，得：$(11101111.00101)_2$。

(3) 二进制数转换成十六进制数的方法是从小数点开始，向左、向右每 4 位分为一组，最高位和最低位的组不足 4 位时补 0。然后将每 4 位一组的二进制数用相应的十六进制数码表示，即可得到相应的十六进制数。例如：

将$(1111101111.0101101)_2$转换为十六进制数。

分组后为：$(\underline{11}\ \underline{1110}\ \underline{1111}.\underline{0101}\ \underline{101})_2$

补 0 后为：$(\underline{0011}\ \underline{1110}\ \underline{1111}.\underline{0101}\ \underline{1010})_2$

用十六进制数码表示，得到：$(3EF.5A)_{16}$。

(4) 十六进制数转换成二进制数的方法是将每位十六进制数用 4 位二进制数码表示，最后去掉最高位和最低位的 0 即可。例如：

将十六进制数$(3F7.D2)_{16}$转换为二进制数。

用二进制数码表示：$(\underline{0011}\ \underline{1111}\ \underline{0111}.\underline{1101}\ \underline{0010})_2$

若最高位或最低位有 0，可以去掉，得：$(1111110111.1101001)_2$。

三、二进制运算法则

1. 算术运算

计算机的算术运算是以二进制为基础的。其他如十六进制的运算是以二进制为基础转换而得的。二进制加法运算法则如下：

0＋0＝0

0＋1＝1

1＋0＝1

1＋1＝10

在计算机中对数据进行运算操作时，不仅要考虑数值的大小，还要考虑数的符号和小数点问题，需要将符号及数值一起进行编码，如此表示的数称为机器码或机器数。常用的表示方法有原码、反码、补码和移码。通过这些编码方法，二进制数的减法、乘法、除法一般可以通过加法实现，这里不做进一步介绍。

2. 逻辑运算

计算机不仅可以进行算术运算，还可以对两个或一个逻辑数进行逻辑运算。逻辑数是指不带符号的二进制数,用0和1表示所研究的问题的两种状态或可能性,如电压的高与低、脉冲的有与无、命题的真与假。通常用0表示假,用1表示真。以0或1为两种取值的变量也叫逻辑变量。基本的逻辑运算有逻辑与、逻辑或、逻辑非、逻辑异或运算。

(1)与运算通常用符号×,或者符号·,或者符号∧表示,运算规则如下:

0×0=0,或者0·0=0,或者0∧0=0,读成0与0等于0。

0×1=0,或者0·1=0,或者0∧1=0,读成0与1等于0。

1×0=0,或者1·0=0,或者1∧0=0,读成1与0等于0。

1×1=1,或者1·1=1,或者1∧1=1,读成1与1等于1。

只有参加运算的两个逻辑变量取值都为1时,与运算的结果为1。

(2)或运算通常用符号+,或者符号∨表示,运算规则如下:

0+0=0,或者0∨0=0,读成0或0等于0。

0+1=1,或者0∨1=0,读成0或1等于1。

1+0=1,或者1∨0=0,读成1或0等于1。

1+1=1,或者1∨1=1,读成1或1等于1。

参加或运算的两个逻辑变量只要有一个取值为1,或运算的结果就为1。

(3)非运算又称为逻辑否定,通常在逻辑变量的上方加一横线或前面加一特殊符号¬表示,运算规则如下:

¬0=1,读成非0等于1。

¬1=0,读成非1等于0。

4.异或运算通常用符号⊕表示,运算规则如下:

0⊕0=0,读成0同0异或,结果为0。

0⊕1=1,读成0同1异或,结果为1。

1⊕0=1,读成1同0异或,结果为1。

1⊕1=0,读成1同1异或,结果为0。

在给定的两个逻辑变量中,如果两个逻辑变量的值相同,则异或运算的结果为0;如果两个逻辑变量的值不同(相异),则异或运算的结果为1。

值得注意的是,如果两个多位的逻辑变量进行逻辑运算时,只在对应位之间按上述规则进行运算,不同位之间不发生任何关系,没有算术运算中的进位或借位关系。

理论知识点三:计算机系统的基本组成

一、计算机系统概述

计算机系统是由硬件系统和软件系统两大部分组成的。计算机硬件系统是由电子、机械和光电元件等组成的各种计算机部件和设备,是计算机完成各项工作的物质基础。计算机硬件是看得见、摸得着的物理实体。计算机软件系统是与计算机硬件系统相关的各种程序、数据及相关文档资料。计算机系统的组成如图1-1所示。

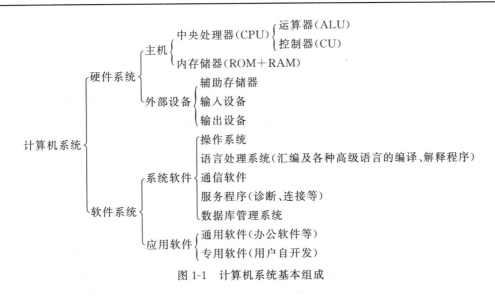

图 1-1 计算机系统基本组成

二、冯·诺依曼计算机工作原理

冯·诺依曼提出的现代计算机的雏形,是由运算器、控制器、存储器、输入设备和输出设备五部分组成,如图 1-2 所示。

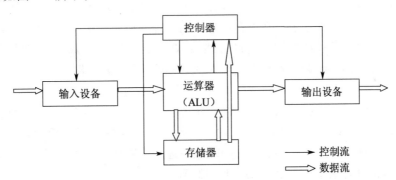

图 1-2 早期的冯·诺依曼型计算机组成结构

现代计算机的系统结构与冯·诺依曼等人当时提出的计算机系统结构相比虽然有了一些重大变化,但就其结构原理来说,占主流地位的仍然是以存储程序原理为基础的冯·诺依曼型计算机。存储程序原理的基本点是指令驱动,即程序由指令组成,并和数据一起存放在存储器中,从存储器中逐条读出并执行指令,从而完成程序所描述的处理工作。冯·诺依曼型计算机的基本特点如下:

(1)计算机由运算器、控制器、存储器、输入设备和输出设备五部分组成。

(2)计算机采用存储程序方式,将程序和数据放入同一个存储器中。存储器是字长固定、顺序线性编址的一维结构。

(3)计算机内部采用二进制来表示程序和数据。

(4)指令由操作码和地址码组成,指令的执行是顺序的,即一般按照指令在存储器中存放的顺序执行,程序分支由转移指令实现。

(5) 机器以运算器为中心,输入输出设备与存储器之间的数据传送都通过运算器。

1. 运算器

运算器是对数据进行处理和运算的部件。其主要功能是进行加、减、乘、除等算术运算和逻辑运算,通常也称为算术逻辑单元 ALU(arithmetic logic unit)。计算机中采用二进制数。二进制数的位数越多,精度就越高,但采用的电子器件也越多。通常位数取 8 位、16 位、32 位、64 位。

逻辑运算是指"与""或""非"等逻辑比较和逻辑判断等操作。在计算机中,任何复杂运算都可转化为基本的算术与逻辑运算,然后在运算器中完成。

2. 控制器

控制器(control unit,CU)可以对整个计算机的工作过程进行控制。控制器一般由指令寄存器、指令译码器、程序计数器、时序电路和控制电路组成。控制器的基本功能是从内存中取指令、分析指令和执行指令。计算机控制器的程序计数器 PC(program counter),也称为指令计数器,其中存放着下一条要执行的指令的地址。程序开始执行前,程序的起始地址,即其第一条指令的地址送入 PC,当执行指令时,控制器自动修改 PC 的内容,通常是 PC 的内容加 1,使其保存的是下一条要执行的指令的地址。这样,控制器通过 PC 中的地址访问存储器,逐条取出指令,分析并执行,计算机就可以连续地工作了。

取出的指令暂存在指令寄存器 IR(instruction register)中。接下来要分析指令。指令是指示计算机执行某种操作的命令,一般由操作码和地址码两部分组成。操作码指明指令要进行什么操作,地址码指出操作数所在的存储单元的地址。操作码送至指令译码器,译码成相应部件进行操作的信号,通过操作控制逻辑,将指定的信号送往相应的部件。控制器还需要进行时序控制,以便各种操作能有条不紊地进行。执行指令时,有关部件在控制器的控制下,按照规定的节拍完成规定的操作。

通常人们将运算器和控制器统称为中央处理器,即 CPU(central processing unit),CPU 是整个计算机的核心部件。早期的 CPU 由运算器和控制器两大部分组成,随着集成电路技术的发展,很多部件如浮点运算器、总线仲裁器、高速缓冲存储器(cache)等也移入 CPU 内,这样 CPU 的基本部分包括了运算器、cache 和控制器三大部分。

3. 存储器

存储器是计算机系统的记忆装置,用来存放程序和数据及运算的中间结果等。对存储器的要求是容量大、存取速度快、成本低。在同一个存储器中同时满足这几个方面是很困难的,这些指标之间存在内在的矛盾。为解决这个矛盾,在计算机系统中,通常采用多级存储器体系结构,使用高速缓冲存储器、主存储器(内存)和辅助存储器(外存)。从存储器的位成本方面看,高速缓冲存储器最高,其次是内存,位成本最低的是外存。

(1) 高速缓冲存储器,是一个高速小容量半导体存储器,存取速度比内存快,可以很好地与 CPU 的速度相匹配。

(2) 主存储器,简称主存或内存,是计算机系统的主要存储器,用于存放计算机运行时的大量程序和数据及中间结果,它与中央处理器组装在一起构成主机,直接受 CPU 控制,并能和高速缓冲存储器交换数据和指令,通常由半导体存储器组成。主存储器按照存取限制可以分为 RAM(random-access memory,随机存取存储器)和 ROM(read-only memory,只读存储器)

两种。RAM中任何存储单元中的内容都能被随机存取,且存取时间与存储单元的物理位置无关,故称为随机存取存储器。ROM中存储的内容是固定不变的,只能读出而不能写入,故称为只读存储器。

(3)辅助存储器,也称为外存储器,简称外存,是大容量辅助存储器,用于存放当前暂时不用的程序或数据。对辅助存储器的基本要求通常是容量大、成本低并可以脱机保存信息。目前主要使用磁盘存储器、磁带存储器和光盘存储器等。

以上3种类型的存储器通过适当的硬件、软件或软硬件相结合的方法连接起来成为一个系统,即计算机的多级存储系统。从应用程序员的角度来看,它是一个存储器,这个存储器的速度接近最快的那个存储器,存储容量与容量最大的那个存储器相等或接近,价格近似于最便宜的那个存储器的价格。

现代计算机系统以存储器为中心,这与经典的冯·诺依曼型计算机以运算器为中心是不同的。

4. 输入设备

在计算机系统中,通常把处理器和主存储器之外的部分称为输入输出(I/O)系统,它为处理器与外部世界交往或通信提供了途径。这些设备也称为外围设备,种类繁多。处理器在运行过程中所需要的程序和数据要从外部输入,输入设备负责完成这部分功能。将各种类型的数据、程序及其他信息转换为计算机能够识别和处理的形式,输入到计算机内部。常用的输入设备有键盘、鼠标、光笔、扫描仪、数字化仪、数码相机等。

5. 输出设备

处理器的运算结果要送到外部去,输出设备将计算机的处理结果以人们所需要的形式或设备能接收或识别的形式传送到计算机外部。常用的输出设备有显示器、打印机、绘图仪、音箱等。每一种外围设备需要有它自己的设备控制器,设备控制器通过I/O接口与主机连接,并受主机控制。

三、计算机软件系统

软件是计算机系统的重要组成部分。利用计算机进行各种计算等工作,需要有专门编写的程序,程序是由指令组成的。一个计算机系统所能执行的全部指令构成该计算机的指令系统。从计算机系统结构的角度来看,指令系统是软件和硬件相结合的界面。在指令系统的基础上可以构建程序系统,扩充和发挥机器的功能。

软件指这些程序、数据及相关的文档资料。计算机软件一般分为系统软件和应用软件两大类。

1. 系统软件

系统软件一般是指控制和协调计算机及外部设备,支持应用软件开发和运行的系统,可以简化程序设计,提高计算机的使用效率,充分发挥计算机的功能。

系统软件主要包括:操作系统;各种服务性程序,如诊断程序、排错程序等;语言处理程序,如汇编程序、编译程序、解释程序等;数据库管理系统。

(1)操作系统(operating system,OS)是与计算机的硬件关系最为密切的一个系统软件,处于系统软件层次的最底层。操作系统的作用,一是管理计算机系统中的各种资源;二是为用户提供友好的界面。早期的计算机系统中是没有操作系统的,那时使用计算机需要大量的手动操作,相当麻烦。计算机系统中的硬件和软件统称为资源,可以分为处理器资源、存储器资源、外部设备资源及信息(程序、数据)资源四大类。相应地,操作系统的基本功能有如下 5 个方面。

①处理器(CPU)管理功能。一个多道程序系统的计算机可以同时为多个用户服务,即在计算机系统中同时有多个程序在执行,这些程序的执行需要并发地利用处理器资源。处理器管理的主要任务是对处理器进行分配,包括作业调度、进程调度、进程通信等。作业调度将一个等待在后备队列(外存空间)中的用户程序装入内存,并分配内存及其他必要的资源,建立相应的进程。进程调度按照一定的调度算法选中一个就绪进程,分配其处理器资源以便程序得以执行。为保证每个进程都能正常活动,进程之间需要进行同步或互斥,相互合作的进程之间还需要交换信息,需要通信机制。

②存储管理功能。存储管理功能包括内存分配、地址映射、内存保护、内存扩充。系统中每道程序的运行都需要内存空间,为此,操作系统必须记录整个内存的使用情况,为用户程序实施内存分配并回收释放的内存空间。多道程序系统中的程序使用逻辑地址,在运行时需要映射成内存的物理地址。地址映射就是实现从逻辑地址到物理地址的转换。由于多道程序在内存中,所以需要进行内存保护,防止其他程序侵入本程序的内存空间。由于机器的物理内存空间大小有限,有时内存无法容纳若干个用户程序,操作系统采用虚拟存储技术对内存进行扩充,从而可以在较小的内存中运行较大的程序。

③设备管理功能。设备管理的任务主要是完成用户提出的 I/O 请求,包括缓冲区管理、设备分配、设备驱动等。

④文件管理功能。在计算机系统中,所有的程序、数据等信息是存放在外部存储器中的。操作系统提供了文件管理功能,方便用户对这些文件进行访问。

对文件的存储空间进行管理,为新文件分配必要的外存空间,回收释放的文件空间,从而提高外存的利用率。

对文件进行目录管理,实现对文件的按名存取、快速查询、文件共享等。

对文件的读写进行管理和存取控制,以保证文件的安全性,防止未授权的访问,以免遭到破坏。

⑤用户界面功能。现代操作系统一般向用户提供 3 种界面形式:图形用户界面,交互终端命令,系统调用命令。

图形用户界面主要考虑非专业人员使用计算机系统的方便性,将交互命令转换为图形提示和鼠标单击。图形用户界面一般由视窗、图标、菜单、对话框等基本元素,以及对这些基本元素所能进行的操作构成。这样,用户就可以很直观、方便地使用系统,以及各种应用程序提供的服务。

交互终端命令也称为命令行,是系统为交互终端用户提供的一组交互式命令,用户可以通过终端键盘输入这些命令,操作系统的命令解释程序接收每个命令、分析命令,然后调用操作系统中相应的模块完成该命令所要求的功能,最后将该命令的执行结果输出给用户。用户根据该命令的结果决定下一条命令的输入,直到用户完成自己的工作。

系统调用命令也称为应用程序界面(application program interface,API),是在用户程序级别上与操作系统打交道的方式。操作系统为用户提供一组系统调用命令,用户可以将这些命令写在程序中,当用户程序在运行过程中执行到这些系统调用命令时,将发生自愿性中断,进入操作系统,操作系统根据不同的系统调用命令转到相应的处理程序完成该系统调用命令所要求的服务。

(2)语言处理程序。人类相互交流信息所用的语言称为自然语言,人与计算机打交道也需要语言。

①机器语言是低级语言,是由机器指令代码(二进制)构成的,由它编写的计算机程序不需要翻译就可直接被计算机识别并执行。用机器语言编写的程序最大的优点是执行速度快、效率高;缺点是机器语言难掌握、耗时费力、可读性差、易出错,并且依赖于具体的机器,通用性差。

②汇编语言(assemble language)采用一定的助记符号表示机器语言中的指令和数据,是符号化了的机器语言。用汇编语言写的程序不能被计算机直接识别和执行,需通过汇编程序或汇编器翻译成机器语言,才能由计算机执行。

③高级语言又称为算法语言(algorithmic language),比较接近数学语言,根据实际需要规定好一套基本符号及由这些符号构成程序的规则。高级语言直观,与具体机器无关,容易掌握。用高级语言编写的程序称为源程序,它也不能被计算机直接识别和执行,必须经过某种转换才能执行。完成这种转换工作的程序就是编译程序。高级语言种类多,功能强,常用的结构化程序设计语言有 Basic、Fortran、Pascal、COBOL、C 等;面向对象的程序设计语言有 VB(Visual Basic)、C++、VC(Visual C++)、Delphi、Java 等。

(3)服务性程序(支撑软件)是为了帮助用户使用与维护计算机,提供服务性手段,支持其他软件开发而编制的一类程序。此类程序内容广泛,主要有工具软件、编辑程序、调试程序、诊断程序等。

(4)数据库管理系统,是对计算机中所存储的大量数据进行组织、管理、查询和提供一定处理功能的大型系统软件。主要分为两类:一类是基于微型计算机的小型数据库管理系统,如 Visual FoxPro、Access 等;另一类是大型数据库管理系统,如 Oracle、Sybase 等。

2. 应用软件

应用软件一般是指在计算机各应用领域中,为解决各类实际问题而编写的程序,它用来帮助人们完成在特定领域中的各种工作。应用软件主要包括通用和专用应用软件两类。

通用应用软件有文字处理软件、表格图形处理软件、辅助设计软件等。

专用应用软件指用户为满足自己的需要而专门开发的软件系统,如各企事业单位开发的管理系统等。

四、计算机的主要性能指标

1. 存储容量

存储容量指存储器中存储单元的总数,单位是字节(Byte),简写为 B,常用的单位是 KB、

MB、GB 和 TB。计算机中表示信息的最小单位是位(bit)，每个 bit 可以存放 1 位二进制数的 0 或 1，在存储器中对应于一个存储元，是物理方法实现的。为方便存储和处理，通常以字节作为数据的存储单位，1 个字节由 8 个二进制位组成，即 1B=8 bit。通常将 $2^{10}=1024$ 称为 1K，即 $1KB=2^{10}B=1024B$。可以这样理解，这种规定与十进制中 1k=1000 很接近。随着存储容量的不断增加，表示存储容量的单位也在变大，根据需要可使用 MB、GB、TB 等单位。在二进制中，$1M=2^{20}$，$1G=2^{30}$，$1T=2^{40}$。

2. 处理器字长

处理器字长指运算器中一次能够完成二进制数运算的位数。通常采用 1 字节、2 字节、4 字节或 8 字节，即 8 位、16 位、32 位或 64 位。在某种程度上，字长反映了计算机处理能力的强弱。

3. 存储器带宽

存储器带宽指单位时间内从存储器读出的二进制数信息量，一般用字节数/秒表示。

4. 主频/时钟周期

CPU 的工作节拍受主时钟控制，主时钟的频率(f)即 CPU 的主频，单位是 MHz(兆赫兹)、GHz(吉赫兹)。主频的倒数称为 CPU 的时钟周期(T)，$T=1/f$，单位是 μs、ns。

5. 运算速度(MIPS)

通常所说的计算机运算速度(平均运算速度)，是指每秒钟所能执行的定点指令条数，一般用"百万条指令/秒"来描述。MIPS 是 million instructions per second 的缩写。

6. 总线宽度

一般指 CPU 中运算器与存储器之间进行互连的内部总线的二进制位数。

理论知识点四：计算机中的编码

一、计算机中的编码

计算机中不但使用数值型数据，还大量使用非数值型数据，如字符、汉字等。例如，表示一条操作指令通常要使用英文字母；在输入和输出时，要使用大量的图形符号。这些字符在计算机中都以二进制代码形式表示。

计算机是以二进制方式组织、存放数据的，对输入到计算机中的各种数值和非数值型数据要用二进制数方式进行编码。对于不同计算机、不同类型的数据其编码方式是不同的，编码的方法也很多。为了使数据的表示、交换、存储或加工便于处理，在计算机系统中通常采用统一的编码方式，因此制定了编码的国家标准或国际标准，如位数不等的二进制码、BCD 码、ASCII 码、汉字编码等。使用这些编码可以在计算机内部、键盘和终端之间，以及计算机之间进行信息交换。

在输入过程中,系统自动将用户输入的各种数据按编码的类型转换成相应的二进制形式存入计算机存储单元中。在输出过程中,再由系统自动将二进制编码数据转换成可以识别的数据格式输出给用户。

二、二-十进制编码(BCD 码)

在计算机系统中通常采用 4 位二进制码对每个十进制数位进行编码。4 位二进制码有 16 种不同的组合,从中选出 10 种来表示十进制数位的 0~9,有多种方案可供选择。下面介绍一种常用的 8421 码,这是一种有权码,另外还有无权码。有权码是指表示一位十进制数的二进制码的每一位有确定的权。8421 码的 4 个二进制码的权从高到低依次为 8、4、2 和 1。这样,每个数位内部满足二进制规则,而数位之间满足十进制规则,因此也称这种编码为以二进制编码的十进制码,即二-十进制码或 BCD(binary-coded decimal)码。在计算机内部实现 BCD 码的算术运算,需要对结果进行修正,这里不做进一步介绍。表 1-3 列出了部分十进制数及其 8421 码。

表 1-3 部分十进制数及其 8421 编码

十进制数	8421 码	十进制数	8421 码	十进制数	8421 码
0	0000	7	0111	14	0001 0100
1	0001	8	1000	15	0001 0101
2	0010	9	1001	16	0001 0110
3	0011	10	0001 0000	17	0001 0111
4	0100	11	0001 0001	18	0001 1000
5	0101	12	0001 0010	19	0001 1001
6	0110	13	0001 0011	20	0010 0000

三、ASCII 码

计算机不仅处理数值领域的问题,而且处理大量非数值领域的问题。这样就涉及对文字、字母、数字、符号等各种字符的处理,而计算机只能处理二进制数据,因此上述各种符号数据都需要编写成二进制格式的编码。目前普遍采用的是 ASCII 码(American Standard Code for Information Interchange,美国标准信息交换码)。ASCII 码规定 8 个二进制位的最高位为 0,余下 7 位能给出 $2^7=128$ 种不同的编码来表示 128 个不同的字符。其中,95 个编码对应计算机终端能输入并显示的 95 个字符,打印机设备也能打印出来,包括大小写各 26 个英文字母,0~9 这 10 个数字,通用运算符和标点符号等。另外的 33 个字符,其编码值为 0~31 和 127,则不对应任何可显示或打印的字符,它们被用作控制码,控制计算机某些外围设备的工作特性和某些计算机软件的运行情况。

ASCII 编码和 128 个字符的对应关系见表 1-4。表中编码符号的排列次序为 $b_6b_5b_4b_3b_2b_1b_0$,$b_6b_5b_4$ 为高位部分,$b_3b_2b_1b_0$ 为低位部分。

表 1-4　ASCII 字符编码表(7 位)

$b_3b_2b_1b_0$ \ $b_6b_5b_4$	000	001	010	011	100	101	110	111
0000	NUL	DLE	SP	0	@	P	`	p
0001	SOH	DC1	!	1	A	Q	a	q
0010	STX	DC2	"	2	B	R	b	r
0011	ETX	DC3	#	3	C	S	c	s
0100	EOT	DC4	$	4	D	T	d	t
0101	ENQ	NAK	%	5	E	U	e	u
0110	ACK	SYN	&	6	F	V	f	v
0111	BEL	ETB	'	7	G	W	g	w
1000	BS	CAN	(	8	H	X	h	x
1001	HT	EM	)	9	I	Y	i	y
1010	LF	SUB	*	:	J	Z	j	z
1011	VT	ESC	+	;	K	[	k	{
1100	FF	FS	,	<	L	\	l	|
1101	CR	GS	-	=	M	]	m	}
1110	SO	RS	.	>	N	^	n	~
1111	SI	US	/	?	O	_	o	DEL

四、汉字编码

1. 汉字的输入编码

汉字的输入编码,即汉字外码,是为了能直接使用西文标准键盘将汉字输入到计算机而设计的,编码方案很多,主要的方法可归为音码、形码和音形码三大类。

(1) 拼音码。拼音码是以汉语拼音为基础的输入方法。这种方法对于掌握汉语拼音的人来说,不需专门的记忆和训练,但由于汉字同音字多,重码率高,拼音输入后还必须对同音字进行选择,所以影响输入速度。根据编码规则的不同,有全拼、简拼和双拼等音码。

(2) 形码。形码是根据汉字的形状进行编码。组成汉字的笔画是有限的,可以对笔画等进行编码,再依据一定的规则对汉字进行编码,如五笔字型编码就是一种广泛使用的形码。

(3) 音形码。音形码是按汉字的音、形结合形成的汉字编码,其目的在于减少重码,如自然码、智能 ABC。

除上述大的类别外,还有数字编码,常用的是国标区位码。将 6 763 个常用汉字分为 94 个区,每个区分为 94 个位,区码和位码各为两位十进制数字,这 4 个数字就是该汉字的区位码。通常在这些方法的基础上,增加词组输入、联想输入等多种快速输入方法。另外,还有语音输入方式、手写输入方式、印刷体扫描识别输入方式等。

2. 汉字机内码

汉字机内码简称汉字内码,是用于汉字信息的存储、交换、检索等操作的机内代码,一般用两个字节表示。计算机中汉字内码的表示是唯一的,输入码在计算机中必须转换成机内码才能进行存储和处理,这由汉字操作系统相应的模块来完成。

【实践任务】

实践任务一:用降幂法实现十进制和二进制的转换

任务描述

用降幂法将 $N=0.6875D$ 转换成二进制。

实现步骤

步骤1　小于 N 的二进制权值由大到小依次为:

0.5　　0.25　　0.125　　0.0625

即　2^{-1}　　2^{-2}　　2^{-3}　　2^{-4}

步骤2　进行计算,过程如下:

$0.6875-2^{-1}=0.6875-0.5=0.1875$　　　　$(d_{-1}=1)$

$0.1875-2^{-2}=0.1875-0.25(不够减)$　　　　$(d_{-2}=0)$

$0.1875-2^{-3}=0.1875-0.125=0.0625$　　　　$(d_{-3}=1)$

$0.0625-2^{-4}=0.0625-0.0625=0$　　　　$(d_{-4}=1)$

步骤3　1　0　1　1　　(得到的对应的二进制数)

步骤4　写出计算结果:$N=0.6875D=0.1011B$。

实践任务二:按精度要求实现十进制和二进制的转换

任务描述

将数 $N=0.3127D$ 转换为二进制数,保留小数点后 4 位。

实现步骤

步骤1　采用乘以 2 取整数法进行计算。

	整数部分		结果
$0.3127 \times 2 = 0.6254$	0	($d_{-1}=0$)	最高位
$0.6254 \times 2 = 1.2508$	1	($d_{-2}=1$)	
$0.2508 \times 2 = 0.5016$	0	($d_{-3}=0$)	
$0.5016 \times 2 = 1.0032$	1	($d_{-4}=1$)	最低位
$0.0032 \times 2 = 0.0064$	0	($d_{-5}=0$)	

步骤2　第5位为0,舍掉;若为1,可按四舍五入进位,视要求而定。

步骤3　写出计算结果:0.3127D≈0.0101B。

思考与练习

一、选择题

1. 从系统结构的角度看,至今绝大多数计算机仍属于_____型计算机。
A. 并行　　　　　　B. 智能　　　　　　C. 冯·诺依曼　　　　　　D. 串行

2. 计算机的发展大致经历了五代变化,其中第一代以_____计算机为代表。
A. 电子管　　　　　　　　　　B. 晶体管
C. 中小规模集成电路　　　　　D. 大规模和超大规模集成电路

3. 完整的计算机系统应包括_____。
A. 运算器、存储器、控制器　　B. 外部设备和主机
C. 主机和实用程序　　　　　　D. 配套的硬件设备和软件系统

4. 计算机硬件能直接执行的只有_____程序。
A. 符号语言　　　　　　　　　B. 机器语言
C. 机器语言和汇编语言　　　　D. 汇编语言

5. 对计算机的软、硬件资源进行管理,是_____的功能。
A. 操作系统　　　　　　　　　B. 数据库管理系统
C. 语言处理程序　　　　　　　D. 用户程序

6. ASCII码是对_____进行编码的一种方案,它是美国标准信息交换代码的缩写。
A. 声音　　　　　　　　　　　B. 汉字
C. 图形符号　　　　　　　　　D. 字符

7. 以下存取速度最快的是_____。
A. 内存　　　　　　B. 高速缓存　　　　　　C. 硬盘　　　　　　D. 软盘

8. 计算机的存储器采用分级存储体系的主要目的是_____。
A. 便于读写数据　　　　　　　B. 减小机箱的体积
C. 便于系统升级　　　　　　　D. 解决存储容量、价格和存取速度之间的矛盾

9. 与外存储器相比,内存储器的特点是_____。
A. 容量大,速度快,成本低　　B. 容量大,速度慢,成本高
C. 容量小,速度快,成本高　　D. 容量小,速度快,成本低

10. 主机中能对指令进行译码的部件是_____。
A. ALU　　　　　　B. 运算器　　　　　C. 存储器　　　　　D. 控制器
11. 指挥、协调计算机工作的是_____。
A. 输入设备　　　　B. 输出设备　　　　C. 存储器　　　　　D. 控制器

二、填空题

1. 世界上第一台电子计算机诞生于_____年，它的名字是_____。
2. 计算机硬件由运算器、_____、_____、_____和输出设备五部分组成。
3. 一个完整的计算机系统由_____和_____两部分组成。
4. 计算机的软件通常分为_____软件和_____软件两大类。
5. 一台计算机中所有机器指令的集合，称为这台计算机的_____。
6. 随机读写存储器的英文缩写为_____。
7. ROM 的含义是_____。
8. 操作系统的作用有_____和_____。
9. 处理器_____指运算器中一次能够完成二进制数运算的位数。

三、计算题

将 4 个数 $(101001)_2$、$(52)_8$、$(40)_{10}$、$(233)_{16}$ 从大到小进行排序。

项目二　Windows XP 操作系统

【引子】

操作系统是现代计算机系统不可缺少的重要组成部分,它用来管理计算机的系统资源,使计算机有条不紊地工作。有了操作系统,计算机的操作变得十分简便、高效。自 1985 年微软公司发行第一版用户图形界面操作系统 Windows 开始,操作系统的发展便进入到了一个全新的时代。Windows XP 是微软公司推出供个人计算机使用的操作系统。XP 是 Experience(体验)的缩写,是继 Windows 2000 及 Windows Me 之后的下一代 Windows 操作系统,也是微软首个面向消费者且使用 Windows NT 架构的操作系统。

【本章内容提要】

- ◆ 开始菜单的使用
- ◆ 文件管理
- ◆ 桌面操作
- ◆ 控制面板
- ◆ 磁盘管理

任务一　开始菜单的使用

【任务描述】

通过 Windows XP 系统窗口,使用开始菜单。

【相关知识】

一、Windows XP 操作系统简介

Windows XP 是微软公司一次操作系统的合并，Windows XP 比以前版本的 Windows 操作系统具有更新颖友好的界面、更简化的菜单和更加人性化的设计，是微软公司推出的第一个既适合家庭用户，也适合商业用户使用的操作系统。针对家庭用户和商业用户，中文版 Windows XP 提供了不同的产品版本：Windows XP Home Edition 和 Windows XP Professional。本书将介绍 Windows XP Professional（以下简称 Windows XP）的使用方法。

二、开始菜单的组成

启动 Windows XP 后，最先看见的是 Windows XP 的桌面，如图 2-1 所示。所谓桌面，就是在启动 Windows XP 后，呈现在用户面前的屏幕状态。在 Windows XP 中，系统为了简化桌面，默认将所有图标置于开始菜单中。单击任务栏上最左侧的"开始"按钮或者在键盘上按下 Ctrl+Esc 组合键，就可以打开开始菜单。

图 2-1 Windows XP 操作系统的界面

开始菜单在结构上分为以下几个部分，如图 2-2 所示。

1. 用户名称区

在菜单最上端显示的是当前用户的标志名称。

2. 常用应用程序区

菜单中部左侧显示的是系统中最常用的应用程序。单击左下方"所有程序"菜单项，将显示完整的应用程序列表，单击列表中的任一命令将运行其对应的应用程序。

3. 系统菜单区

菜单右部区域分上、中、下 3 个部分。上部是为了方便用户对文档的管理而设置的若干文件夹,其中包括我的文档、图片收藏等。中部放置用于调整计算机的控制面板。下部的菜单项用于向用户提供帮助信息,并可提供联机服务功能;"搜索"菜单项可以帮助用户快速在计算机上搜索文档和网络上的计算机;"运行"菜单项提供以命令方式运行系统程序的方法。

图 2-2　开始菜单

4. 注销及关闭计算机

在菜单底部有"注销"和"关闭"计算机菜单项。所谓注销,是指在多用户共享同一台计算机时,用户可以通过注销用户的方法在不重新启动计算机的前提下更换计算机的用户,同时将更改计算机的所有用户配置信息。关闭计算机时用户可以选择"待机""关闭"和"重新启动"。

【任务实施】

子任务 1　启动应用程序

方法 1:双击文件夹中的应用程序图标。

方法 2:通过单击"开始"按钮,在打开的开始菜单中把鼠标指向"所有程序"菜单项,这时会出现所有程序的级联子菜单,在其级联子菜单中可能还有下一级的级联菜单,当其选项旁边不再带有黑色的箭头时,单击需要打开的应用程序。

〖小提示〗

如果用户想改变某一程序在菜单项的位置,只要选中该菜单项,然后按下鼠标左键拖动到合适的位置再松开,这时拖动的对象便会在相应的位置出现。

子任务2　利用搜索命令查找文件

步骤1:单击开始菜单中的"搜索"菜单项,打开"搜索结果"窗口,如图2-3所示。

步骤2:在图2-3中"要搜索的文件或文件夹名为"文本框中输入要搜索的文件或文件夹的名称的全部或部分,在"包含文字"文本框中输入在文件中可能包含的文字。

步骤3:在"搜索范围"下拉列表框中选择要搜索的文件或文件夹所在磁盘中的位置。

步骤4:设置完毕后,单击"立即搜索"按钮开始按选定的范围进行搜索。找到符合条件的文件或文件夹后,在窗口右侧会显示文件或文件夹的名称;如果没有找到需要的内容,会显示"搜索完毕,没有内容可显示"字样。

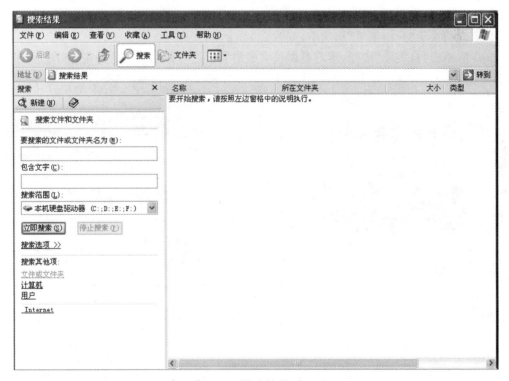

图2-3　"搜索结果"窗口

子任务3　使用运行命令

步骤1:在开始菜单中单击"运行"菜单项,打开"运行"对话框,如图2-4所示。

步骤2:在"打开"组合框中输入完整的命令、文件路径、网站地址或单击"浏览"按钮,在打开的浏览窗口中选择要运行的程序。

步骤3：单击"确定"按钮，即可打开相应的窗口。

图2-4 "运行"对话框

子任务4 自定义开始菜单

如果不习惯Windows XP系统默认的开始菜单界面，可以自定义开始菜单。

步骤1：右击任务栏空白处，在弹出的快捷菜单中选择"属性"命令，打开"任务栏和开始菜单属性"对话框。

步骤2：切换至"开始菜单"选项卡，如图2-5所示。

步骤3：单击"自定义"按钮，用户可以按自己的要求进行开始菜单的设定，如图2-6所示。

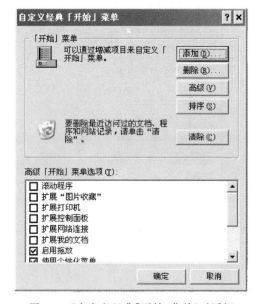

图2-5 "任务栏和「开始」菜单属性"对话框　　图2-6 "自定义经典「开始」菜单"对话框

在自定义经典开始菜单中有以下几项常用的功能。

(1) 滚动程序：选中这个选项，可以使所有程序菜单中的菜单项滚动。也可以拖动这个滚动条来选择程序。

(2) 扩展"图片收藏"：如果用户选中该选项，在开始菜单的文档选项中的"图片收藏"菜单项将出现下一级菜单，可以将它们指向图片收藏文件夹中不同的组。

(3) 扩展控制面板：如果用户选中该选项，那么以后在开始菜单的设置选项中选择"控制面板"，就可以显示整个控制面板中的内容。

(4)扩展网络连接：如果该选项被选中（Windows XP 默认选中该选项），在开始菜单的"设置"选项中的"网络连接"菜单项将出现下一级菜单，显示目前已经建立的网络连接。

(5)扩展我的文档：如果该选项被选中（Windows XP 默认选中该选项），单击"开始"按钮，选择"文档"选项时将弹出一个子菜单，子菜单中显示"我的文档""图片收藏"和最近使用过的文档列表，同时，"我的文档""图片收藏"还有下一级菜单。在下一级菜单中，可以看到"我的文档""图片收藏"文件夹中的内容。

(6)启用拖放：该选项允许使用鼠标拖放的方法来添加或删除开始菜单中的项目。

(7)使用个性化菜单：选中该选项后，用户经常使用的选项会出现在屏幕上，而不经常使用的选项就会隐藏起来。在用户需要这些选项时，只需要单击下拉列表就会出现。

(8)显示管理工具：选中该选项，开始菜单便增加了"管理工具"一项。

(9)显示运行：这个选项的作用是在开始菜单中显示"运行"菜单项。

(10)在开始菜单中显示小图标：选中该项，开始菜单中的显示条目将以小图标的方式出现。

〖小提示〗

用户还可以通过单击"删除""排序"等按钮来设置开始菜单。

任务二　文 件 管 理

【任务描述】

掌握文件及文件夹的选定、创建、复制、粘贴、删除等各项基本操作。

【相关知识】

一、文件

文件是操作系统用来存储和管理信息的基本单位，它可以是用文字处理软件制作的文档，也可以是可执行的应用程序或图片、声音等多媒体信息。

文件的名称由文件名和扩展名组成，文件名和扩展名之间用"."隔开。扩展名说明文件所属的类别。文件名的长度不能超过 255 个字符，在文件名中可以包含数字、字母、汉字、空格或一些特殊的符号。例如，扩展名为".txt"的文件是用"记事本"创建的文本文件。常见的扩展名及它们所代表的文件类型如表 2-1 所示。

表 2-1　常见扩展名及对应的文件类型

扩展名	文件类型	扩展名	文件类型
.txt	文本文件	.exe	可执行文件
.avi	视频文件	.docx	Word 文档文件（2007 以上）
.rar	压缩文件	.xlsx	Excel 工作簿文件（2007 以上）
.wav	声音文件	.pptx	PowerPoint 演示文稿文件（2007 以上）
.bmp	图形文件	.accdb	Access 数据库文件（2007 以上）

文件包含两部分的内容：一是文件所包含的数据，称为文件数据；二是关于文件本身的说明信息或属性信息，称为文件属性。通过文件属性，可以了解文件的存储位置、大小、创建和修改时间、作者、访问权限等信息。

二、文件夹

文件夹是系统组织和管理文件的一种形式。每一个文件夹中还可以再创建文件夹，称为子文件夹。文件夹的图标是固定的，命名规则与文件相同，只是没有扩展名。对文件夹的操作跟对文件的操作大致相同。文件夹图标如图 2-7 所示。

图 2-7　文件夹图标

【任务实施】

子任务 1　选定文件或文件夹

在对任何文件或文件夹进行操作之前，都要先选定操作的对象。选定对象的方法如下。
(1)选择一个文件或文件夹：单击一个对象。
(2)选择多个连续的文件或文件夹：先单击第一个对象，按住 Shift 键，再单击最后一个对象。
(3)选择多个不连续的文件或文件夹：先单击第一个对象，按住 Ctrl 键，再单击其他对象。
(4)选择全部：选择"组织"菜单或"编辑"菜单中的"全选"命令或按 Ctrl+A 快捷键。
(5)反向选择：先选中不需要的对象，然后选择"编辑"菜单的"反向选择"命令。

子任务 2　创建文件或文件夹

方法 1：通过快捷菜单创建。
步骤 1：在要创建文件或文件夹的空白处单击鼠标右键，弹出快捷菜单。
步骤 2：将鼠标指针移动到"新建"命令处，会弹出一个子菜单，用户可以根据需要选择子菜单中的命令，如图 2-8 所示。

图 2-8 利用快捷菜单创建文件或文件夹

方法 2:通过菜单栏创建。
步骤 1:在窗口中单击菜单栏的"文件"标签。
步骤 2:在"文件"选项卡中选择"新建"菜单项,在子菜单中选择需要的命令即可。

子任务 3　打开文件或文件夹

方法 1:双击要打开的文件或文件夹。
方法 2:先选择要打开的文件或文件夹,然后按回车键。
方法 3:右击要打开的文件或文件夹,在快捷菜单中选择"打开"命令。

子任务 4　复制、移动文件或文件夹

方法 1:使用菜单命令。
步骤 1:选择要复制或移动的文件或文件夹。
步骤 2:单击菜单栏的"编辑"标签,在"编辑"选项卡中选择"剪切"或"复制"菜单项,或右击要复制或移动的文件或文件夹,在弹出的快捷菜单中选择"剪切"或"复制"命令。
步骤 3:在目标地址,单击菜单栏的"编辑"标签,在"编辑"选项卡中选择"粘贴"菜单项,或单击右键,在弹出的快捷菜单中选择"粘贴"命令即可。
方法 2:使用鼠标拖放。
步骤 1:选择要复制或移动的文件或文件夹。
步骤 2:如果源地址和目标地址在同一个驱动器中,则按住鼠标左键拖动要移动的文件或文件夹,按住 Ctrl 键再拖动要复制的文件或文件夹;如果源地址和目标地址不在同一个驱动器中,则按住鼠标左键拖动要复制的文件或文件夹,按住 Shift 键再拖动要移动的文件或文件夹。
方法 3:使用快捷键。
步骤 1:选定要复制的文件或文件夹,按 Ctrl+C 快捷键复制,或者按 Ctrl+X 快捷键剪切。
步骤 2:打开目标地址,按 Ctrl+V 快捷键粘贴,完成操作。

子任务 5　删除文件或文件夹

方法 1：选择文件或文件夹，按 Delete 键。
方法 2：选择文件或文件夹，在快捷菜单中选择"删除"命令。
方法 3：选择文件或文件夹，在菜单栏的"文件"菜单中选择"删除"命令。

子任务 6　重命名文件或文件夹

方法 1：选择文件或文件夹，单击它的名称，在名称框中输入新的名字后按回车键。
方法 2：选择文件或文件夹，在菜单栏中选择"文件"菜单中的"重命名"命令。
方法 3：右击要更改名称的对象图标，在弹出来的快捷菜单中选择"重命名"命令。

子任务 7　修改文件或文件夹的属性

右击文件或文件夹，在弹出的快捷菜单中选择"属性"命令，则会弹出其"属性"对话框，如图 2-9 所示。

只读：如设置"只读"属性，则只能读取，不能修改和删除。
隐藏：如设置"隐藏"属性，该文件或文件夹将被隐藏。
高级：单击"高级"按钮，会打开一个新的对话框，在该对话框中可以设置一些其他的属性。

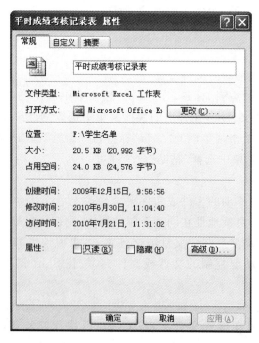

图 2-9　文件"属性"对话框

任务三　设置个性化桌面——桌面操作

【任务描述】

桌面是用户进入 Windows XP 以后最先看到的界面之一。桌面上包含了许多功能不同的程序图标,用户可根据自己的需要设置个性化的桌面,使其更加美观并方便使用。

【相关知识】

一、桌面图标

"图标"是指在桌面上排列的小图像,它包含图形、说明文字两部分,双击图标就可以打开相应的内容。系统中的所有资源分别由 4 种类型的图标来表示,如表 2-2 所示。

表 2-2　图标类型

图标类型示例	作　　用
VFP6	应用程序图标:指向可具体完成某一功能的可执行程序
书	文件夹图标:指向某文件夹
平时成绩考核记录表	文件图标:指向由某应用程序所创建的文件
腾讯QQ	快捷方式图标:左下角带有弧形箭头的图标

二、快捷方式

快捷方式是一种特殊的文件类型,在该文件中仅包含链接对象的位置信息,并不包含对象本身信息,只占几个字节的磁盘空间。它可以包含为启动一个程序、编辑一个文档或打开一个文件夹的全部信息。当双击一个快捷方式图标时,Windows XP 根据快捷文件方式的内容找到它所指的原文件、文件夹或程序,然后打开该文件、文件夹或程序。删除快捷方式并不删除对象本身。

三、回收站

在桌面默认存放着"回收站"组件,当用户删除文件时,删除的文件就暂时存放在回收站。

四、任务栏

任务栏是位于桌面最下方的一个小长条,它显示系统正在运行的程序和打开的窗口、当前时间等内容。

任务栏由"开始"按钮、快速启动工具栏、窗口按钮栏、语言栏等几部分组成,如图2-10所示。

图2-10 任务栏按钮

(1)"开始"按钮:在前面已经介绍过,这里不再赘述。

(2)快速启动工具栏:它由一些小型按钮组成,单击可以快速启动程序,如"显示桌面"按钮。

(3)窗口按钮栏:当用户启动某项应用程序,在任务栏会出现相应的按钮。

(4)语言栏:用户可通过单击语言栏,选择各种语言输入法。单击右上角的还原小按钮,它可以独立于任务栏外。

子任务1 创建桌面图标

步骤1:右击桌面上的空白处,在弹出的快捷菜单中选择"新建"命令。

步骤2:选择"新建"命令下不同的子菜单,用户可以创建各种形式的图标,如图2-11所示。

图2-11 创建桌面图标

子任务 2 添加快捷方式

方法 1：从开始菜单中添加快捷方式。

如果在开始菜单中已经安装某应用程序的菜单项，在桌面上添加其快捷方式的具体步骤如下：

步骤 1：单击"开始"按钮。

步骤 2：在打开的开始菜单中，选择"所有程序"选项，在打开的程序菜单中右击需要添加到桌面上的应用程序。

步骤 3：在快捷菜单中选择"发送到"选项，在打开的子菜单中单击"桌面快捷方式"，如图 2-12 所示。

图 2-12 在桌面上添加快捷方式

方法 2：从应用程序直接创建快捷方式。

步骤 1：在如图 2-11 所示的创建桌面图标方法中，选择"快捷方式"，打开"创建快捷方式"向导对话框。

步骤 2：在"请键入项目的位置"文本框中输入需要创建快捷方式的项目名称及路径，也可通过单击"浏览"按钮，从中选择需要的项目，如图 2-13 所示。

图 2-13 "创建快捷方式"向导对话框

步骤 3：单击"下一步"按钮，打开"选择程序标题"对话框，如图 2-14 所示。在该对话框中的"键入该快捷方式的名称"文本框中输入该快捷方式在桌面上显示的名称，单击"完成"按钮。

〖小提示〗

如果快捷方式已经存在，则可以通过复制、粘贴命令，将快捷方式放到系统的各个文件夹中。

图 2-14 "选择程序标题"对话框

子任务 3 重排图标

当用户在桌面上创建了多个图标时,可以使用"排列图标"命令重排图标。

步骤 1:在桌面上的空白处单击鼠标右键,在弹出的快捷菜单中选择"排列图标"命令。

步骤 2:在弹出的子菜单中可选择排列图标的方式,如图 2-15 所示。

图 2-15 "排列图标"命令

(1)名称:按图标名称开头的字母或拼音顺序排列。
(2)大小:按图标所代表的文件的大小顺序来排列。
(3)类型:按图标所代表的文件类型来排列。
(4)修改时间:按图标所代表的文件的最后一次修改时间来排列。

子任务 4 在回收站中恢复已经被删除的文件或文件夹

步骤 1:双击桌面上的"回收站"图标,打开回收站。
步骤 2:右击需要恢复的文件或文件夹,在弹出的快捷菜单中选择"还原"命令。

子任务 5 清空回收站的所有内容

步骤 1:右击桌面上的"回收站"图标。

步骤2：在弹出的快捷菜单中选择"清空回收站"命令。

〖小提示〗

清空回收站后，所有已被删除的文件将不能被恢复。

子任务6 回收站属性的设置

步骤1：右击桌面上的"回收站"图标，在打开的快捷菜单中选择"属性"命令，打开"回收站属性"对话框，如图2-16所示。

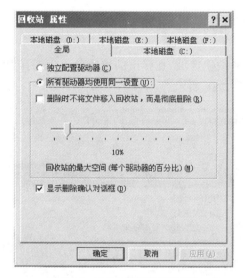

图2-16 "回收站属性"对话框

步骤2："回收站属性"对话框中默认打开的是"全局"选项卡，在此可以设置回收站的大小。通常情况下，每个驱动器都使用相同的比例，如果需要单独设置某个驱动器的回收站比例，可以选中"独立配置驱动器"单选框进行设置。

步骤3：如果选中"删除时不将文件移入回收站，而是彻底删除"复选框，删除的文件将不进入回收站，直接从磁盘上删除，文件将不能被恢复。

步骤4：如果在删除文件或文件夹时，不希望出现"确认文件删除"对话框，可单击"显示删除确认对话框"复选框，不选中此复选框即可。

子任务7 改变任务栏的位置和大小

步骤1：右击任务栏的非按钮区域，在弹出的快捷菜单中选择"锁定任务栏"命令，将前面默认的"√"去掉，如图2-17所示，任务栏就处于非锁定状态。

步骤2：在任务栏的非按钮区域按下鼠标左键不放，拖动到所需要的边缘再松手，任务栏将移动到相应的位置。

步骤3：如果想要改变任务栏的宽度，在任务栏非锁定状态下，把鼠标放在任务栏的上边缘，当出现双箭头光标时，按下鼠标左键拖动到合适位置再松手，任务栏的宽度就会发生改变。

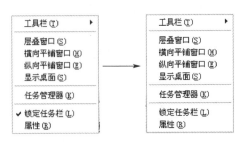

图 2-17 改变任务栏的锁定状态

子任务 8 任务栏的属性设置

步骤 1：右击任务栏的非按钮区域，在弹出的快捷菜单中选择"属性"命令，打开"任务栏和开始菜单属性"对话框，如图 2-18 所示。

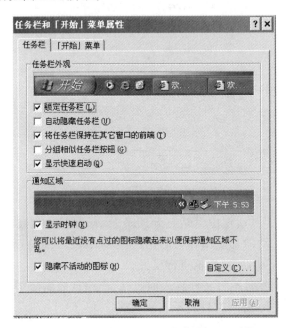

图 2-18 "任务栏和「开始」菜单属性"对话框

步骤 2：在打开的"任务栏"选项卡中有 7 个复选框，可根据需求进行设置。这 7 个复选框的功能分别如下。

(1) 锁定任务栏：除了前面介绍的方法外，选择该复选框也可锁定任务栏。

(2) 自动隐藏任务栏：每当运行其他程序或打开其他窗口时，任务栏将自动消失；当把光标放在任务栏位置时，它将自动出现。

(3) 将任务栏保持在其他窗口的前端：使得任务栏总是在屏幕的最前面，不会被其他窗口盖住。

(4) 分组相似任务栏按钮：当用户打开太多的应用程序时，系统将对其进行分组，相似的或相同的应用程序将被分配使用同一个任务栏按钮，以节约空间。使用时，单击这样的任务栏按钮,即可从中选择要使用的应用程序再次打开。

(5)显示快速启动:可设置在任务栏上是否显示快速启动工具栏。

(6)显示时钟:可设置在任务栏上是否显示时间和日期。

(7)隐藏不活动的图标:把最近没有使用的图标隐藏起来以简化通知区。单击其后的"自定义"按钮,在打开的"自定义通知"对话框中,用户可以进行隐藏或显示图标的设置。

子任务 9　添加或取消工具栏

在任务栏中,系统默认显示的工具栏为"语言栏",用户可以根据需要添加或取消相应的工具栏。

步骤 1:右击任务栏的非按钮区域,在弹出的快捷菜单中指向"工具栏"。

步骤 2:在"工具栏"子菜单中列出的常用工具栏中选择要添加或取消的工具栏。添加时,只需单击子菜单中对应的菜单项就可。当用户不再需要该工具栏时,可以再单击一次该菜单项,取消前面的"√",如图 2-19 所示。

(1)链接工具栏:使用该工具栏上的快捷方式可以快速打开网站。单击这些链接图标,用户可以直接进入相应的链接界面。

(2)语言栏:显示当前的输入法。

(3)桌面工具栏:在该工具栏中列出当前桌面上的图标。用户可以直接单击图标启动对应的程序。

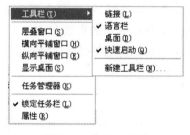

图 2-19　常用工具栏

🔊〖小提示〗

在图 2-19"工具栏"的子菜单项中,前面加"√"的几项是系统默认添加的工具栏,没有"√"的几项是需要手动添加的。

子任务 10　新建工具栏

经常用到的某些程序或文件,可以在任务栏上创建工具栏,它的作用相当于在桌面上创建快捷方式。

步骤 1:右击任务栏的非按钮区域,在弹出的快捷菜单中指向"工具栏",在其子菜单中选择"新建工具栏"命令,打开"新建工具栏"对话框。

步骤 2:在"新建工具栏"对话框中,选择要创建的程序或文件的名称后,单击"确定"按钮

任务四　资源管理器和控制面板的使用

【任务描述】

掌握 Windows 资源管理器和控制面板的使用方法。

【相关知识】

一、资源管理器

Windows"资源管理器"是 Windows XP 提供的一个查看和管理计算机上所有资源的应用程序。

一般情况下,打开的 Windows"资源管理器"主要由两个窗格组成,左侧窗格显示了所有磁盘和文件夹的列表,右侧窗格用于显示选定的磁盘和文件夹中的内容,如图 2-20 所示。

图 2-20　Windows"资源管理器"窗口

在左边的窗格中，若驱动器或文件夹前面有"＋"号，表明该驱动器或文件夹有下一级文件夹，单击该"＋"号可展开其所包含的子文件夹。当展开驱动器或文件夹后，"＋"号会变成"－"号，单击"－"号可折叠已展开的内容。

单击"查看"菜单，指向"浏览器栏"选项，在打开的子菜单中可以选择其他浏览项目，有"搜索""收藏夹""历史记录"等选项。

如果希望看到隐藏的文件，在 Windows"资源管理器"中，单击"工具"菜单中的"文件夹选项"，打开"文件夹选项"对话框，单击"查看"标签，打开"查看"选项卡，在"高级设置"列表框中选中"显示所有文件和文件夹"单选框，单击"应用"按钮，则所有具有隐藏属性的文件和文件夹将被显示出来。

二、控制面板

控制面板是用户对系统的软硬件配置进行统一设置的功能模块。Windows XP 中的控制面板采用任务推测的方式将常用的设置任务罗列出来，而其他的设置任务则分散在各个系统图标中进行。

双击桌面上的"我的电脑"图标，进入"我的电脑"窗口，在"我的电脑"窗口中的"其他位置"区域单击控制面板按钮；也可单击"开始"按钮，在打开的开始菜单中单击"控制面板"，均可进入控制面板，如图 2-21 所示。

在控制面板中，可以进行添加和删除程序、更改桌面外观和主题、连接网络等多项功能设置。

图 2-21　控制面板

三、用户账户

Windows XP 系统允许多个用户共享同一台计算机,而每一个用户的个人设置和配置文件等均会有所不同,系统将每一个用户使用计算机的数据和程序相互隔离开来,用户可以在不关闭计算机的情况下切换用户账户。

系统中的用户账户分为管理员账户和有限账户两种类型。管理员账户拥有对计算机使用的最大权利,可以安装程序和增删硬件、访问计算机中的所有文件、管理本计算机上的所有其他用户账户。在计算机中必须保证至少有一个管理员账户。有限账户的各种设置仅影响该用户对计算机的使用,不允许有限账户用户安装和删除系统的应用程序。

来宾账户是为那些没用户账户的人使用计算机而准备的。来宾账户没有密码,他们拥有最小的使用计算机的权利。

要切换用户账户,可通过单击"开始"按钮中的"注销"选项,在弹出的切换窗口中单击"切换"按钮即可出现登录界面。

【任务实施】

子任务 1　启动资源管理器

方法 1:单击"开始"按钮启动。
步骤 1:单击"开始"按钮。
步骤 2:在打开的开始菜单中,选择"所有程序"选项,在打开的程序菜单中选择"附件"。
步骤 3:在"附件"子菜单中选择"资源管理器"。
方法 2:单击"开始"按钮快捷启动。
步骤 1:右击"开始"按钮。
步骤 2:在弹出的快捷菜单中单击"资源管理器"命令。
方法 3:从有"资源管理器"快捷菜单的图标启动。
步骤 1:右击"我的电脑""我的文档"或"网上邻居"图标。
步骤 2:在弹出的快捷菜单中单击"资源管理器"命令。
方法 4:从"我的电脑"窗口启动。
步骤 1:右击"我的电脑"窗口中的任何驱动器、文件夹图标。
步骤 2:在打开的快捷菜单中选择"资源管理器"命令。

子任务 2　在资源管理器中查看隐藏的文件和文件夹

步骤 1:在 Windows"资源管理器"中,单击"工具"菜单中的"文件夹选项",打开"文件夹选

项目二　Windows XP 操作系统　　39

项"对话框。

步骤 2：单击"查看"标签，打开"查看"选项卡。

步骤 3：在"高级设置"列表框中选中"显示所有文件和文件夹"单选框，单击"应用"按钮，所有具有隐藏属性的文件和文件夹将被显示出来。

子任务 3　在控制面板中设置桌面背景

步骤 1：在控制面板中双击"显示"图标，进入"显示属性"对话框，如图 2-22 所示。

步骤 2：在"显示属性"对话框中选择"桌面"选项卡，通过"背景"列表框选择喜欢的背景图片，在选项卡中的显示器中将显示该图片作为背景图片的效果；或单击"浏览"按钮，在本地磁盘或网络中选择图片作为桌面背景。

图 2-22　"显示属性"对话框

子任务 4　在控制面板中自定义桌面

步骤 1：单击图 2-22 中的"自定义桌面"按钮，打开"桌面项目"对话框，如图 2-23 所示。

步骤 2：在"桌面项目"对话框中，对桌面显示的那些项目进行设置。单击"更改图标"按钮，还可修改系统的 5 个默认图标。

🔊〖小提示〗

单击图 2-23 中的"现在清理桌面"按钮，开始运行桌面清理向导。

图 2-23 "桌面项目"对话框

子任务 5　在控制面板中设置屏幕保护程序

步骤 1：切换到图 2-22 中的"屏幕保护程序"选项卡，如图 2-24 所示。

图 2-24 "屏幕保护程序"选项卡

步骤 2：在"屏幕保护程序"选项组中的下拉列表中选择一种屏幕保护程序。
步骤 3：单击"设置"按钮，打开屏幕保护程序的设置对话框。分别在"着色""复杂性""大小"等选项中,通过其中的滑块或按钮来设置和调整各个指标。

步骤4:单击"预览"按钮,可预览设定的屏幕保护程序的效果。移动鼠标或操作键盘即可结束屏幕保护程序。

步骤5:在"等待"数字微调框中设置计算机闲置多长时间后屏幕保护程序开始运行。

子任务6 在控制面板中设置屏幕分辨率

步骤1:切换到图2-22中的"设置"选项卡,如图2-25所示。

步骤2:单击"设置"选项卡中的"颜色质量"下拉列表框,设置当前显示器表示颜色的位数。

步骤3:在"屏幕分辨率"项中通过调整表示大小的滑块来调整屏幕分辨率。使用高分辨率比使用低分辨率在同一屏幕上显示的内容要多,字体也会变小。

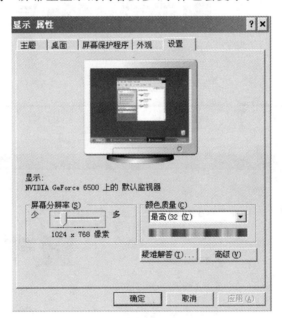

图2-25 "设置"选项卡

◁))〖小提示〗

右击Windows XP桌面上的空白区域,在弹出的快捷菜单中单击"属性"命令也可打开"显示属性"对话框。

子任务7 在控制面板中设置用户账户

步骤1:双击图2-21中的"用户账户"图标,弹出如图2-26所示的"用户账户"窗口。

步骤2:在该窗口中的"挑选一项任务"选项组中选择"更改账户""创建一个新账户"或"更改用户登录或注销方式"其中一个选项;或者在"或挑一账户做更改"选项组中选择要更改的账户。例如,要进行用户账户的更改,单击"更改账户"链接,在打开的对话框中选择要更改的账户后,出现如图 2-27 所示的窗口。

图 2-26　用户账户

图 2-27　更改用户账户

项目二　Windows XP 操作系统

【小提示】

可在图 2-27 中选择创建密码、修改密码等操作。

子任务 8　在控制面板中添加或删除程序

如果要删除某程序或程序所在的文件夹,利用"程序"菜单或桌面上的快捷方式不仅不能将其完全删除,还会对一些共享程序造成破坏;而使用控制面板中的添加或删除功能,可以快速、安全、完整地安装或删除程序。

步骤 1:双击图 2-21 中的"添加或删除程序"图标,可打开对应的"添加或删除程序"窗口,如图 2-28 所示。

步骤 2:如果要在计算机中添加新的应用程序,可单击"添加新程序"按钮,然后在打开的对话框中单击"CD 或软盘(F)"按钮,引导用户从软盘或光盘添加新的程序。

步骤 3:在图 2-28 窗口右侧默认打开的是"更改或删除程序"按钮对应的操作内容,它列出了当前计算机中安装的可以卸载的程序。单击某个程序使其高亮显示,并显示出其较详细的内容。如果确认要删除或更改该应用程序,单击"更改/删除"按钮,会打开一个确认框,若用户选择"是",则将选中的程序更改或删除。

步骤 4:单击"添加/删除 Windows 组件"按钮,可以添加新的或删除不需要的 Windows 组件。

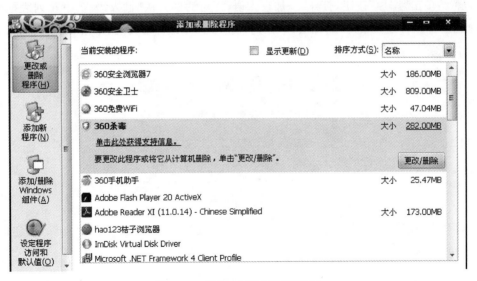

图 2-28　"添加或删除程序"窗口

子任务 9　在控制面板中添加或删除输入法

步骤 1:双击图 2-21 中的"区域和语言选项"图标,打开"区域和语言选项"对话框。在"语言"选项卡的"文字服务和输入语言"中,单击"详细信息"按钮,进入"文字服务和输入语言"对话框,如图 2-29 所示。

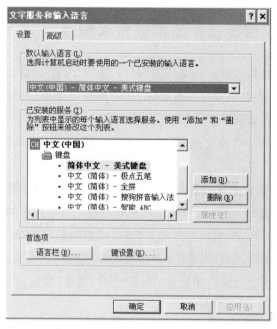

图 2-29 "文字服务和输入语言"对话框

步骤 2:单击"添加"按钮,打开"添加输入语言"对话框。从"输入语言"下拉列表框中选择要添加的语言,从"键盘布局/输入法"下拉列表框中选择某种输入法,单击"确定"按钮,完成输入法的添加操作,如图 2-30 所示。

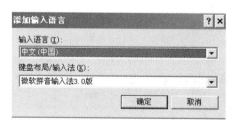

图 2-30 添加输入法

步骤 3:如果要删除某输入法,在图 2-29 中选择要删除的输入法,单击"删除"按钮即可。

〖小提示〗

在语言栏任意位置单击鼠标右键,在弹出的快捷菜单中选择"设置"命令,也可打开"文字服务和输入语言"对话框。

任务五　清理与维护计算机——磁盘管理

【任务描述】

通过磁盘管理功能对磁盘进行定期清理及维护，使其能够更高效、更长久地为我们服务。

【相关知识】

一、硬盘

硬盘是磁盘的一种，是计算机用来存储信息的设备，所有的文件、程序，甚至包括操作系统都保存在这个设备上。合理、高效地对其进行管理，可以提高计算机的使用效率，延长使用寿命。

二、磁盘属性

磁盘属性包括常规、工具、硬件、共享、安全、配额等功能。

双击桌面上的"我的电脑"图标，在打开的"我的电脑"窗口中，右击要查看属性的磁盘图标，在弹出的快捷菜单中选择"属性"命令，打开"磁盘属性"对话框。该对话框默认打开"常规"选项卡，如图 2-31 所示。

磁盘属性中的具体功能如下。

常规：显示磁盘及文件系统类型、已用空间、可用空间及磁盘分区容量等信息。

工具：检查驱动器中的错误，碎片整理，备份驱动器中的文件。

硬件：查看驱动器信息，更新驱动器驱动程序。

共享：设置高级共享、密码保护功能。

安全：设置组或用户的权限。

配额：为磁盘空间进行配额限制，只能使用最大配额范围内的磁盘空间。

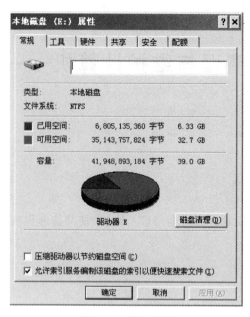

图 2-31　磁盘属性

三、磁盘格式化

磁盘格式化就是在磁盘上建立可存放文件或数据信息的磁道和扇区。新磁盘在使用之前必须进行格式化，磁盘只有经过格式化处理之后，才能进行读写操作。磁盘格式化将删除磁盘上的所有信息，因此在进行格式化操作时一定要慎重，重要的资料要做好备份。

四、磁盘垃圾与磁盘碎片

用户在使用计算机的过程中，由于下载、安装、卸载等操作，会产生很多临时文件和垃圾文件，这些文件广泛地分布在磁盘的不同文件夹中。同时，由于用户不断地进行文件的创建、删除和修改等操作，也会产生大量的临时文件和垃圾文件，这些文件不是存储在物理上连续的磁盘空间，而是被分散地存放在磁盘的不同地方，这样就形成了文件碎片。随着垃圾文件与碎片的逐渐增多，CPU 访问这些文件时速度变慢。这时就需要对磁盘进行碎片整理，即将零散的文件碎片重新组合在一起，使磁盘空闲区连成一片。这样可以释放更多的磁盘空间，提高磁盘利用率，提高运行效率。

【任务实施】

子任务1 对磁盘进行格式化操作

步骤1：双击桌面上的"我的电脑"图标，打开"我的电脑"窗口。

步骤2：选择要进行格式化操作的磁盘，单击菜单中的"文件"选项，在弹出的子菜单中单击"格式化"命令；或右击要格式化的磁盘，在弹出的快捷菜单中选择"格式化"命令，打开"格式化"对话框。如图2-32所示为"格式化U盘"对话框。

图2-32 "格式化U盘"对话框

步骤3：若需要快速格式化，可选中"快速格式化"复选框。快速格式化不扫描磁盘的坏扇区而直接从磁盘上删除文件。快速格式化只有在磁盘已经格式化过的情况下使用。

步骤4：单击"开始"按钮，将弹出"格式化警告"对话框，单击"确定"按钮开始格式化。

步骤5：格式化完毕后，在出现的"格式化完毕"对话框中，单击"确定"按钮。

子任务2 整理磁盘碎片

步骤1：单击"开始"按钮，选择"所有程序"→"附件"→"系统工具"→"磁盘碎片整理程序"命令，打开"磁盘碎片整理程序"窗口，如图2-33所示。

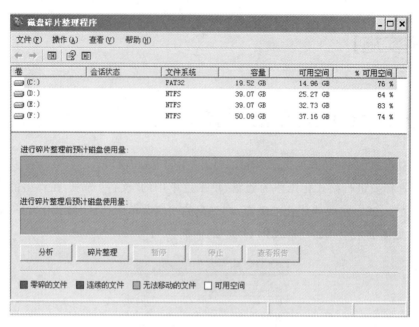

图 2-33 "磁盘碎片整理程序"窗口

步骤 2：在"磁盘碎片整理程序"窗口中选择一个磁盘，单击"分析"按钮，系统开始分析选中的驱动器上的磁盘碎片分布情况。如果磁盘碎片数量较少，可以不必进行整理。

步骤 3：在弹出的"分析完成"对话框中单击"查看报告"按钮，查看分析结果，如图 2-34 所示。

图 2-34 分析完成

步骤 4：根据分析结果决定是否进行碎片整理。单击"碎片整理"按钮，即可开始磁盘碎片整理程序。

子任务 3　查看磁盘的硬件信息及更新驱动程序

步骤 1：双击桌面上的"我的电脑"图标，在打开的"我的电脑"窗口中，右击要查看属性的磁盘图标。

步骤 2：在弹出的快捷菜单中选择"属性"命令，打开"磁盘属性"对话框，选择"硬件"选项卡，如图 2-35 所示。

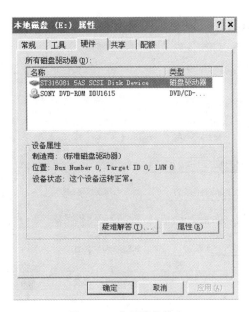

图 2-35 磁盘硬件信息

步骤 3：该选项卡中的"所有磁盘驱动器"列表框中显示了所有磁盘驱动器的名称。选择某一驱动器，在"设备属性"栏中可看到该设备的信息。

步骤 4：单击"属性"按钮，可打开"设备属性"对话框，显示该磁盘的详细信息，如图 2-36 所示。

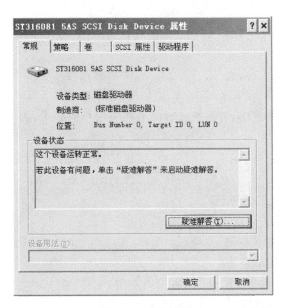

图 2-36 设备属性

步骤 5：如果要更新驱动程序，可选择"驱动程序"选项卡，如图 2-37 所示。

步骤 6：单击"更新驱动程序"按钮，可在弹出的"硬件升级向导"对话框中更新驱动程序；单击"返回驱动程序"按钮，可在更新驱动程序失败后，用备份的驱动程序返回到原来的驱动程序。

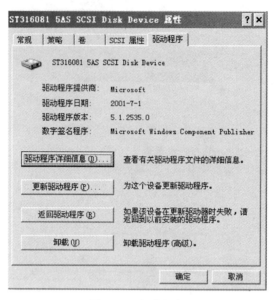

图 2-37 驱动程序

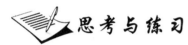

一、选择题

1. 当应用程序窗口最小化以后，它将缩为任务栏中的一个图标按钮，此时程序处于_____状态。
   A. 结束运行   B. 后台运行
   C. 等待运行   D. 退出系统

2. 在 Windows XP 系统中，若系统长时间不响应用户的要求，为了结束该任务，应使用的组合键是_____。
   A. Shift＋Esc＋Tab   B. Ctrl＋Shift＋Enter
   C. Alt＋Shift＋Enter D. Alt＋Ctrl＋Del

3. Windows XP 系统的任务栏_____。
   A. 只能在桌面的下方
   B. 只能在桌面的下方或右侧
   C. 只能在桌面的上方或下方
   D. 可以任意放在桌面的上方、下方、右侧或左侧

4. 在"资源管理器"中选定多个不连续的文件要使用_____。
   A. Shift＋Alt 组合键   B. Shift 键
   C. Ctrl 键   D. Ctrl＋Alt 组合键

5. 在 Windows 操作系统中，要启动和关闭中文输入法，应按_____。
   A. Ctrl＋空格键   B. Ctrl＋Shift 组合键

C. Shift+空格键　　　　　　　　　D. Alt+功能键

二、填空题

1. 删除快捷方式时_____删除它所指向的文件。

2. 在"资源管理器"窗口中,有的文件夹前边带有一个加号,它表示的意思是_____。

3. 每当运行一个 Windows 应用程序,系统都会在_____上增加一个按钮。

4. 在"我的电脑"窗口中,操作_____键可以直接删除文件而不把被删除的文件送入回收站。

5. 磁盘碎片整理程序的主要作用_____。

三、上机操作题

1. 在 E 盘下新建一个名为"计算机基础"的文件夹,并在该文件夹下新建一个名为"学生"的文本文件,然后将该文件隐藏。

2. 在桌面上建立题目 1 中"计算机基础"文件夹的快捷方式。

3. 修改计算机的屏幕保护程序。

项目三　Windows 7 操作系统

【引子】

经过多个版本的更新换代，Windows 7 操作系统以简单、易用、人性化，渐渐成为普及率最高的个人计算机操作系统。

【本章内容提要】

✧ Windows 7 的基本信息
✧ 桌面操作
✧ 文件管理
✧ 控制面板的操作
✧ 磁盘管理

任务一　Windows 7 的基本信息

【任务描述】

通过 Windows 7 系统窗口，查看计算机的各项基本信息。

【相关知识】

一、Windows 7 操作系统简介

Windows 7 操作系统是 Windows Vista 的下一代操作系统，其内核版本号是 NT 6.1。

Windows 7 中的 7 其实与核心版本号无关,而是表示这款操作系统是微软公司推出的第七代操作系统。该操作系统于 2009 年发布,并于 2012 年 9 月取代 Windows XP 操作系统,成为全球市场占有率最高的操作系统。

Windows 7 可供家庭及商业工作环境、笔记本电脑、平板电脑、多媒体中心等使用。Windows 7 也延续了 Windows Vista 的 Aero 风格,并且在此基础上增添了些许功能。Windows 7 可供选择的版本有:简易版(Starter)、普通家庭版(Home Basic)、高级家庭版(Home Premium)、专业版(Professional)、企业版(Enterprise)(非零售)、旗舰版(Ultimate)。

二、安装 Windows 7 的硬件配置

安装 Windows 7,计算机硬件的基本配置如下。
CPU:1.8 GHz 单核或双核及更高级别的处理器。
内存:1 GB~3.25 GB(32 位),2 GB~4 GB 及以上(64 位)。
硬盘:16 GB 以上(32 位),20 GB 以上(64 位)。
显卡:带有 WDDM 1.0 或更高版本的驱动程序的 DirectX 9 图形设备。
其他硬件:DVD R/RW 驱动器或者使用 U 盘等其他储存介质安装系统。
其他功能:互联网连接/电话。

三、Windows 7 的启动、退出操作

1. Windows 7 的启动

打开显示器与计算机电源,启动 Windows 7,这时,系统对计算机硬件进行检测,并自动加载一些设置。稍等片刻,自动进入 Windows 7"用户登录"界面,选择用户之后出现"欢迎"界面,最后进入 Windows 7 的桌面。

2. Windows 7 的退出

在关闭计算机之前,应先退出当前运行的应用程序。单击"开始"按钮,选择"关机"命令,则计算机自动关闭并断电。如果系统中运行着应用程序,Windows 会询问用户是强制关闭计算机,还是取消关机。指向或单击"关机"右侧的三角按钮,则弹出子菜单,如图 3-1 所示。在子菜单中提供了一些其他操作,具体功能如下。

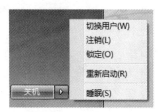

图 3-1 "关机"子菜单

切换用户:系统保持当前用户打开的所有程序、文档等,切换到"用户登录"界面,可以选择其他账户登录计算机。

注销:系统关闭当前用户打开的所有程序、文档等,切换到"用户登录"界面,可以选择其他账户登录计算机。

锁定:保持当前用户打开的所有程序、文档等,保持网络连接并锁定计算机,切换到"用户登录"界面。

重新启动:关闭 Windows 并重新启动计算机。

睡眠：保持当前用户所打开的内容并转入一种特殊的节能状态，即睡眠状态，这时，将关闭显示器，风扇也会停止。要唤醒计算机，可单击鼠标或按任意键。

需要注意的是，注销和切换用户都可以快速地返回到"用户登录"界面，但是，注销要求结束当前的操作，关闭当前用户，而切换用户则允许当前用户的操作程序继续进行。

【任务实施】

子任务 1　打开"系统"窗口

步骤 1：右击桌面或者"开始"菜单中的"计算机"图标，在快捷菜单中选择"属性"命令，即可打开"系统"窗口。在"系统"窗口中，可以查看操作系统的版本与类型、处理器、内存等基本信息，如图 3-2 所示。

〖小提示〗

在控制面板中，选择"系统和安全"选项，再选择"系统"选项也可进入到"系统"窗口。

图 3-2　"系统"窗口

任务二　设置个性化桌面——桌面操作

【任务描述】

根据自己的需要设置个性化的桌面,使其更加美观并方便使用。

【相关知识】

一、Windows 7 桌面的组成

桌面是用户进入 Windows 7 以后最先看到的界面之一。桌面上包含了操作系统中许多功能不同的程序图标,用户打开的很多窗口、执行的很多程序都是从桌面开始的。

Windows 7 的桌面由两个部分构成:桌面图标区域和任务栏区域。

1. 桌面图标区域

桌面图标区域主要放置 Windows 7 的各个基本图标。在 Windows 7 中,图标往往与文字说明结合为一个整体,同样有 4 种类型的图标:应用程序图标、文件图标、文件夹图标、快捷方式图标。

2. 任务栏区域

默认情况下,任务栏区域是位于桌面底部的蓝色窄带,如图 3-3 所示。

图 3-3　Windows 7 桌面

二、任务栏的组成

Windows 7 操作系统的任务栏默认位于桌面的底部,显示为一个小长条。其中包括"开始"菜单、快速启动栏、活动任务区、语言栏、通知区域、系统提示区域和"显示桌面"按钮,如图 3-4 所示。

图 3-4　Windows 7 任务栏

1. 开始菜单

在 Windows 7 操作系统中,用户可以通过"开始"按钮,进行系统提供的所有操作。Windows 7 的开始菜单通常由 6 个部分组成,如图 3-5 所示。

图 3-5　开始菜单

"固定程序"列表:该列表中显示了开始菜单中的固定程序,可以帮助用户快速地打开某个程序。用户可以通过右击程序图标,然后选择"附到开始菜单"命令的方法,把程序添加到"固定程序"列表中。

"常用程序"列表:该列表中罗列了用户经常使用到的程序或工具。此列表是随着时间动态分布的。默认情况下显示 10 个程序,如果超过 10 个,会按照时间的先后顺序依次交替。

"所有程序"列表：在该列表中，用户可以找到系统中安装的所有程序。单击"所有程序"按钮，就可以打开所有程序列表；单击"返回"按钮，即可隐藏所有程序列表。

"启动"菜单：在"启动"菜单中列出经常使用的 Windows 程序选项，常见的有"文档""计算机""控制面板""帮助和支持"等。单击不同的程序选项，就可以快速打开相应的程序。

"搜索"框：主要用来搜索计算机上的各种资源，在"搜索"框中输入需要查询的资源名称，就会显示所有搜索的结果。

"关闭选项"按钮：默认的按钮是"关机"按钮，除了"关机"以外，还包括"切换用户""注销""锁定""重新启动""睡眠"和"休眠"等功能选项。

2. 快速启动栏

快速启动栏中的图标相当于快捷方式图标，单击这些图标可以直接打开该图标所链接的对象。在快速启动栏中，通常有"Internet Explorer 浏览器"和"Windows 资源管理器"等图标。

当然也可以根据用户自己的需要，在快速启动栏里添加或删除图标。如果要添加图标，选中要添加到快速启动栏中的图标，直接拖动到快速启动栏的合适位置；如果要删除图标，右键单击要删除的图标，在弹出的快捷菜单中选择"将此程序从任务栏解锁"命令。

3. 活动任务区

Windows 是一个支持多任务的操作系统，用户在运行一个程序或打开一个文档的同时，还可以运行其他程序或打开其他文档。Windows 在用户每次运行一个程序后，都会在活动任务区为该程序建立一个图标加文字说明的按钮。如果想要操作或查看某个程序的窗口，只要单击鼠标，该程序的窗口就会马上在前台显示；如果单击窗口的最小化按钮，则可以将该程序的窗口缩小至活动任务区。

4. 语言栏

语言栏可以用来选择各种语言和输入法，实现输入法的添加或删除。用户可以根据需要，添加或删除某种输入法，设置语言栏的显示和隐藏，以及不同输入法切换的快捷键等操作。

5. 通知区域

通知区域用于显示在后台运行的程序或其他通知。默认情况下只显示几个系统图标，如操作中心、电源选项、网络连接及音量等。如果要查看被隐藏的图标，需要单击向上箭头按钮才能显示出来，当然也可以通过设定将所有图标全部显示出来。

6. 系统提示区域

系统提示区域会显示当前系统的日期和时间。单击该区域，会显示日历和表盘，可以对日期和时间进行更改。

7. "显示桌面"按钮

如果将鼠标指针指向该按钮，所有打开的窗口都将呈现透明化效果，只显示窗口的边框。若单击该按钮，所有打开的窗口都会最小化；再次单击该按钮，则最小化的窗口会恢复显示。

【任务实施】

子任务1　在桌面上显示常用的图标

步骤1：在桌面空白地方单击鼠标右键，弹出快捷菜单。
步骤2：选择"个性化"命令，打开"个性化"窗口，如图3-6所示。

图3-6　"个性化"窗口

步骤3：单击"更改桌面图标"链接，打开"桌面图标设置"对话框，如图3-7所示。
步骤4：在"桌面图标"栏中勾选"计算机""用户的文件""控制面板""网络"等常用图标的复选框，然后单击"确定"按钮。此时桌面上就显示了刚才选择的图标。

子任务2　更改桌面主题

步骤1：打开如图3-6所示的"个性化"窗口。
步骤2：在"个性化"窗口的内部区域，分为"我的主题""Aero主题"与"基本和高对比度主题"。单击任意一个主题的图标，将立即更改桌面背景、窗口颜色、声音效果和屏幕保护等一系列设置。
步骤3：单击"保存主题"链接，即可将所选主题重新命名，并保存于"我的主题"之中。

项目三　Windows 7 操作系统

图 3-7　"桌面图标设置"对话框

子任务 3　设置桌面背景

步骤 1：在如图 3-6 所示的"个性化"窗口中单击"桌面背景"链接，进入"桌面背景"窗口，如图 3-8 所示。

图 3-8　"桌面背景"窗口

步骤 2：在"桌面背景"窗口中，可以选择系统默认的 Aero 主题图片或者纯色作为背景，也可以通过"浏览"按钮来选择计算机中存储的任意图片作为桌面背景。如果选中一张图片或颜色,桌面背景就会立即变成选中的图片或颜色。

步骤3:通过"桌面背景"窗口下方的"图片位置"下拉列表框,可以选择图片的排列方式。用户可以根据图片的大小选择"拉伸""平铺""适应""填充"或"居中"效果。

步骤4:如果在选择图片的时候选中了多张图片,还可以像播放幻灯片那样自动更换背景,只要在"更改图片时间间隔"下拉列表框里设定自动更换背景的时间间隔,以及是否无序更换图片即可。如果是笔记本电脑,还可以设置在使用电池时,暂停更换背景图片以节约用电。

步骤5:单击"保存修改"按钮,设置完毕;单击"取消"按钮,则还原成之前的设置。

子任务4 设置屏幕保护

步骤1:在如图3-6所示的"个性化"窗口中单击"屏幕保护程序"链接,打开"屏幕保护程序设置"对话框,如图3-9所示。

图3-9 "屏幕保护程序设置"对话框

步骤2:在"屏幕保护程序"栏的下拉列表框中选择需要的屏幕保护程序。

步骤3:在"等待"数值微调框中设置启动屏幕保护程序前Windows 7无人操作的空闲时间。

步骤4:对一些特定的屏幕保护程序,还可以通过"设置"按钮,设置屏幕保护程序的属性,如屏幕文字、速度、样式等。

子任务5 设置窗口颜色

步骤1:在如图3-6所示的"个性化"窗口中选择"窗口颜色"选项,进入"窗口颜色和外观"

窗口,如图 3-10 所示。

图 3-10 "窗口颜色和外观"窗口

步骤 2:在"窗口颜色和外观"窗口中可以选择一些系统定义的颜色,以及设置是否启动透明效果和调整颜色的浓度;或者单击"显示颜色混合器"下拉按钮,自己调整窗口的色调、亮度和饱和度。这些设置会同时对所有的窗口、对话框和任务栏生效。

步骤 3:如果想对其进行单独设置的话,单击"高级外观设置"链接后,在新打开的对话框中可以对窗口、对话框或任务栏的各种属性进行单独设置。

子任务 6　调整桌面分辨率

步骤 1:在桌面空白的地方单击鼠标右键,在快捷菜单中选择"屏幕分辨率"命令,会打开一个"屏幕分辨率"窗口,如图 3-11 所示。

步骤 2:在"显示器"下拉列表框中可以选择显示器。

步骤 3:在"分辨率"下拉列表框中可以选择喜欢的分辨率。调整分辨率可以增减屏幕上显示的行数和列数。

步骤 4:通过"方向"下拉列表框可以调整桌面画面的方向。

步骤 5:通过"高级设置"链接,可以对显示卡硬件进行设置。

子任务 7　设置桌面小工具

在桌面空白处单击鼠标右键,在快捷菜单中选择"小工具",打开如图 3-12 所示的窗口。

在该窗口中,用户可以通过双击或拖动图标的方式选择喜欢的小工具放到桌面上。

图 3-11 "屏幕分辨率"窗口

图 3-12 "小工具"窗口

子任务 8 创建快捷方式

步骤 1:在桌面上单击鼠标右键,在弹出的快捷菜单中选择"新建"中的"快捷方式"命令,打开"创建快捷方式"对话框。

步骤 2:在"创建快捷方式"对话框中,输入对象的路径后,单击"下一步"按钮,再在新出现的对话框中,输入该快捷方式的名称,单击"完成"按钮即可,如图 3-13 所示。

◀))〖小提示〗

也可以右击要创建快捷方式的对象,在快捷菜单中选择"发送到"中的"桌面快捷方式"命令。

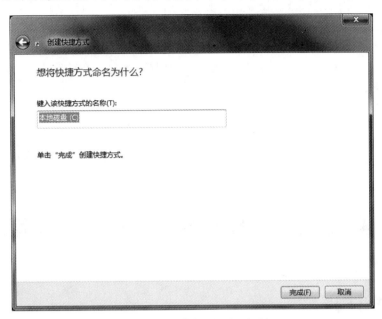

图 3-13 "创建快捷方式"对话框

子任务 9 设置任务栏属性

步骤 1:右击任务栏的空白区域,在弹出的快捷菜单中选择"属性",打开"任务栏和「开始」菜单属性"对话框,如图 3-14 所示。

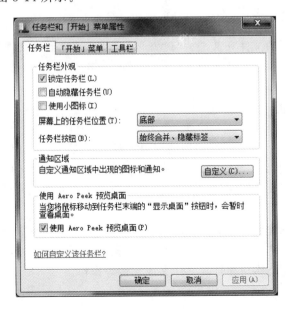

图 3-14 "任务栏和「开始」菜单属性"对话框

步骤 2：根据实际需要，选择相应选项进行设置。
锁定任务栏和自动隐藏任务栏的设置可参见 Windows XP 操作系统。
使用小图标：选中此复选框，任务栏上的所有图标都会以小图标的形式显示。
"屏幕上的任务栏位置"下拉列表框：可以选择将任务栏放在桌面的任意一个边上。
"任务栏按钮"下拉列表框：可以选择任务栏上正在运行的程序的显示和排列方式。
"自定义"按钮：单击此按钮，会弹出"通知区域图标"窗口。在该窗口下，用户可以设置通知区域图标的显示、隐藏和通知。
步骤 3：设置完成以后，可以直接单击"确定"按钮，保存设置并关闭对话框。

〖小提示〗

也可以先单击"应用"按钮，保存设置不关闭对话框；如果单击"取消"按钮，则本次设置无效，关闭对话框。

任务三　文件的各类操作——文件管理

【任务描述】

掌握文件及文件夹的选定、创建、复制、粘贴、删除等各项基本操作。

【相关知识】

一、文件和文件夹

Windows 7 系统下的文件和文件夹与 Windows XP 系统下的文件和文件夹基本一致，此处不再赘述。

二、资源管理器

资源管理器是 Windows 7 系统提供的资源管理工具，我们可以用它查看计算机的所有资源，特别是树形的文件系统结构，可以更清晰、直观地反映文件之间的关系。Windows 7 的资源管理器较之前版本有很大的变化，其布局更加清晰、科学、人性化，能够有助于提高计算机的使用效率。

"计算机"窗口本身就是一个资源管理器，只是进入的位置是在"计算机"处，而直接打开资源管理器的位置是在"库"的位置。利用 Windows 资源管理器，可以浏览磁盘上的所有内容，能方便、快捷地完成查看、移动和复制文件夹或文件等操作。

1. 资源管理器的启动

方法 1：单击"开始"按钮，选择"所有程序"选项中的"附件"子菜单中的"Windows 资源管理器"命令。

方法 2：右击"开始"按钮，在弹出的快捷菜单中选择"打开 Windows 资源管理器"命令。

方法 3：双击桌面上的"计算机"图标，或选择"开始"菜单中"计算机"命令。

2．资源管理器的组成

一个典型的资源管理器窗口由标题栏、地址栏、工具栏、搜索栏、导航窗格、工作区和状态栏等几个部分构成，如图 3-15 所示。

图 3-15　"计算机"窗口

(1) 标题栏：位于窗口的最上方，用于显示对象的名称，此处无标题。拖动标题栏可以改变窗口的位置，双击标题栏可以在窗口的最大化和还原之间进行切换。在标题栏的最右边，有 3 个标题按钮，从左到右依次是"最小化""最大化/还原"和"关闭"按钮。

(2) 地址栏：标题栏的下边就是地址栏，用来显示窗口中所选对象的位置。Windows 7 窗口的地址栏具有"前进""后退"和"刷新"按钮，可以进行类似浏览器的操作。地址栏中显示的是当前窗口所在的位置，单击右侧的黑色下拉箭头则会列出浏览的历史记录。

(3) 工具栏：位于菜单栏的下方，包含"组织"等功能选项。其中"组织"按钮用来进行一些常用的设置与操作，如剪切、复制、粘贴和删除操作。在工具栏的最右边还有两个按钮，功能分别是改变窗口的图标排列形式和窗口预览模式。

(4) 搜索栏：位于窗口的右上方，与开始菜单的搜索功能类似，用户可以在搜索栏中输入任何想要查找的搜索项。不仅可以通过对象名，还可以通过对象的内容进行查找。另外，用户还可以添加大小与日期等搜索条件，缩小查找的范围。

(5)导航窗格。位于整个窗口的左侧，所有的目录列表都以树状的方式进行分类排列，单击可以快速切换到指定位置。

(6)工作区。窗口中间的空白区域就是工作区，此处显示地址栏位置下的所有内容，包括文件及文件夹等。

(7)状态栏。位于窗口的最下边，用于显示当前窗口的信息或选中的对象的信息。

3. 资源管理器窗口的操作

(1)改变窗口大小。

最小化：单击标题栏右侧的"最小化"按钮。

最大化：单击标题栏右侧的"最大化"按钮，或双击标题栏。

还原：单击标题栏右侧的"还原"（"最大化"会变成"还原"）按钮，或双击标题栏。

自定义：将鼠标移动到窗口的边框上，当鼠标指针变成双向箭头的时候，按住鼠标左键移动鼠标即可。当然也可以分别调整窗口的宽与高。

(2)窗口切换。

方法1：直接单击要使用的窗口。

方法2：单击任务栏上相应的按钮。

方法3：按住Alt键，然后按Tab键，此时屏幕会弹出一个窗口，反复按Tab键，依次在各个窗口间进行切换，当找到所需要的窗口时，释放Alt和Tab键。

方法4：按住Win键，然后按Tab键，可以开启Windows 7的3D切换功能，反复按Tab键，此时也可以在各个窗口之间进行切换。

方法5：按Alt+Esc键可以在所有未被最小化的窗口间进行切换。

(3)窗口排列。如果需要对打开的多个窗口进行重新排列，可以在任务栏空白的地方单击鼠标右键，将弹出如图3-16(a)所示的快捷菜单，从中选择排列方式即可。需要特别注意的是，窗口重排只对没有被最小化的窗口有效。

图3-16 窗口排列与撤销排列

层叠窗口：将窗口按先后顺序依次排列在桌面上。最上面的窗口为活动窗口。

堆叠显示窗口：从上到下不重叠地显示窗口。

并排显示窗口：从左到右不重叠地显示窗口。

显示桌面：将所有打开的窗口都最小化到任务栏上。当所有窗口最小化后，这个命令会变成"显示打开的窗口"，再次执行这个命令，会将最小化的窗口还原。

当选择了窗口的某种排列方式后,在任务栏的快捷菜单中会出现相应的撤销该选项的命令,如图 3-16(b)所示。执行该项撤销命令,窗口便可恢复原状。

(4)关闭窗口。

方法 1:单击标题栏中的"关闭"按钮。

方法 2:右击标题栏,在弹出的快捷菜单中选择"关闭"命令。

方法 3:双击窗口左上角。

方法 4:按 Alt+F4 组合键。

方法 5:当窗口最小化时,直接单击任务缩略图上的"关闭"按钮,或右击图标,选择跳转列表的"关闭窗口"命令。

4. 资源管理器内容的显示与排列

(1)内容对象的显示。在资源管理器窗口中单击导航窗格中的一个对象,在右侧的工作区中显示该对象的所有资源。若依次单击工具栏右侧的"更改您的视图"按钮,则会用不同的方式来显示工作区中的对象。或者,单击"更改您的视图"按钮右侧的下拉箭头,在弹出的菜单中选择相应的显示方式,如图 3-17 所示。

图 3-17　显示方式

图标类:分为超大图标、大图标、中等图标、小图标 4 种显示方式。

列表:以排列的方式显示工作区中的所有对象,方便查找。

详细信息:显示对象的基本信息,包括名称、修改日期、类型和大小等。

平铺:使用中等图标显示工作区中的所有对象,并加以详细信息,如类型和大小。

内容:略小于中等图标大小,并加以详细信息,排列显示。

(2)内容对象的排序。选择"查看"菜单中的"排序方式"命令,即可对工作区中的对象进行排序,如图 3-18 所示。

名称:按 ASCII 码与汉字拼音顺序排列。

修改日期:按修改时间顺序排列。

类型:按对象类型名排序。

大小:按所占空间大小排列。

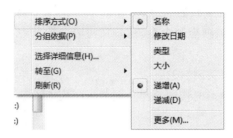

图 3-18　排序方式

四、回收站

回收站是 Windows 7 操作系统里的一个系统文件夹，主要用来存放用户临时删除的文档资料，存放在回收站的文件可以恢复或彻底删除。也就是说，当用户执行删除操作时，实际上被删除的文件一直保留在回收站中，直到用户清空回收站，才会彻底删除。这样可以有效防止文件的误删，更加人性化。"回收站"图标如图 3-19 所示。

图 3-19　"回收站"图标

1. 回收站的使用

(1) 打开回收站：双击桌面上的"回收站"图标，即可打开"回收站"窗口，在"回收站"窗口中可以查看被删除的文件和文件夹，如图 3-20 所示。

图 3-20　"回收站"窗口

（2）还原操作：选中要还原的项目，单击鼠标右键，在快捷菜单中选择"还原"命令，或者单击工具栏中的"还原此项目"按钮。当然，还可以直接单击工具栏中的"还原所有项目"按钮，将"回收站"窗口中所有项目还原。

（3）清空回收站：选中要删除的项目，单击鼠标右键，在快捷菜单中选择"删除"命令，或者直接单击工具栏中的"清空回收站"按钮，删除所有项目。清空操作后，将会永久删除被清空的对象，所以需要谨慎操作。

2．回收站的属性

右击"回收站"图标，在快捷菜单中选择"属性"，打开"回收站属性"对话框，如图 3-21 所示。

图 3-21 "回收站属性"对话框

回收站的默认大小是硬盘的 10%，用户可以在对话框的文本框中自定义每个分区回收站的大小。

如果选中"不将文件移到回收站中。移除文件后立即将其删除"单选框，则文件将直接从磁盘上删除，无法恢复。

如果在删除文件或文件夹时，不希望出现"确认文件删除"对话框，则不勾选"显示删除确认对话框"复选框，即去掉"√"。

【任务实施】

文件或文件夹的具体操作方法可参照项目二中的任务二。

Windows 7 操作系统中的文件"属性"对话框与 Windows XP 操作系统中的有所区别（见图 3-22）。

图 3-22　文件"属性"对话框

任务四　控制面板的操作

【任务描述】

通过控制面板对计算机的用户账户、鼠标、输入法、日期和时间、应用程序的安装与卸载等进行设置与操作。

【相关知识】

一、控制面板

控制面板是 Windows 7 操作系统的一个重要的功能模块,通过控制面板可以对整个计算机的软硬件系统进行个性化设置,如添加或删除程序、控制用户账户等。

启动控制面板的方法如下。

方法 1:单击"开始"按钮,选择"控制面板"命令。

方法 2:打开"计算机"窗口,单击工具栏上的"打开控制面板"按钮。

可以设置 3 种查看控制面板的方式,即类别、大图标和小图标。打开"控制面板"窗口后,默认呈现的是类别视图,如图 3-23 所示。控制面板的功能被分为 8 大类,其中每一类又显示数个常用功能。如果选择大、小图标来表示的话,则会将控制面板中的所有功能排列显示出来。

图 3-23 "控制面板"窗口

二、用户账户的设置

Windows 7 操作系统允许多个用户共享同一台计算机,不同的用户类型拥有不同的权限,系统将每一个用户使用计算机的数据和程序隔离开来,各自操作,互不影响。

用户账户分为两种:管理员账户与标准账户。

管理员账户拥有对计算机使用的最大权限,可以随时更改系统的关键配置,管理员账户所进行的安装、调整、设置都将影响到当前计算机中的所有用户账户。

标准账户的权限低于管理员账户,它可以满足计算机的正常使用,但无法对系统的关键配置进行更改。

除了以上两种用户账户外,还有一种特殊的来宾账户,这种账户是为那些没有用户账户,临时使用计算机的人准备的,它仅拥有最小的计算机使用权限。

这里需要注意,只有具备管理员权限的用户才能进行创建、更改用户账户等操作。

三、鼠标的设置

相对键盘而言,通过鼠标操作要更为灵活、方便,所以将鼠标调节到最适合自己使用的状态,会大大提高使用效率。

打开"控制面板"窗口,查看方式选择"大图标"或"小图标"。单击"鼠标"链接,打开"鼠标属性"对话框,如图 3-24 所示。这里介绍几个常用的鼠标设置项目。

(1)鼠标键。

切换主要和次要的按钮:将鼠标左、右键互换。

双击速度:调节双击鼠标时的感应速度。

启用单击锁定：在单击之后不用一直按住鼠标按键即可拖曳，再次单击解锁。

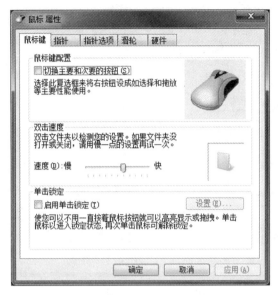

图 3-24 "鼠标属性"对话框中的"鼠标键"选项卡

（2）指针：设置指针的显示方案，如图 3-25 所示。

图 3-25 "鼠标属性"对话框中的"指针"选项卡

（3）指针选项：设置指针的相关属性，如图 3-26 所示。

移动：调节鼠标的移动速度。

对齐：打开窗口或对话框时，指针自动移动到默认的按钮。

可见性：显示鼠标指针移动轨迹，并设置轨迹长短；打字时隐藏指针；按 Ctrl 键显示指针位置。

图 3-26 "鼠标属性"对话框中的"指针选项"选项卡

四、输入法的设置

Windows 7 操作系统同样也提供了多种语言及多种输入法,在使用某种输入法之前首先要保证计算机已经安装该输入法。

打开"控制面板"窗口,查看方式选择"大图标"或"小图标"。单击"区域和语言"链接,打开"区域和语言"对话框。选择"键盘和语言"选项卡,单击"更改键盘"按钮,打开"文本服务和输入语言"对话框,如图 3-27 所示。另外,在桌面上右击任务栏的语言栏,在弹出的快捷菜单中选择"设置"命令,也可以打开"文本服务和输入语言"对话框。

图 3-27 "文本服务和输入语言"对话框

五、日期和时间的设置

在桌面上任务栏中的系统提示区可以显示系统的日期和时间,有时由于各种原因,我们需要调整日期和时间。

打开"控制面板"窗口,查看方式选择"大图标"或"小图标"。单击"日期和时间"链接,打开"日期和时间"对话框,如图 3-28 所示。或者,直接单击桌面任务栏中的系统提示区,再单击"更改日期和时间设置"链接,也可以打开"日期和时间"对话框。

图 3-28 "日期和时间"对话框

六、应用程序的设置

用户会根据自己的需要,为计算机安装各种各样的应用程序,如办公软件、游戏软件等。安装应用程序的途径很多,如通过浏览器下载,或者光盘等。只需要双击带有程序安装字样的可执行文件(.exe),即可进行安装。在安装的过程中,会提示用户选择安装位置和安装项目等选项,用户只要根据自身需要依次选择,即可完成安装操作。

当用户不再需要使用某个应用程序时,仅仅通过回收站是无法彻底删除应用程序的,只有通过控制面板中的程序卸载功能,才能快速、安全和完整地删除应用程序。

【任务实施】

子任务 1　创建、更改用户账户

步骤 1：打开"控制面板"窗口，查看方式选择"类别"。

步骤 2：在"用户账户和家庭安全"功能区中单击"添加或删除用户账户"链接，打开"管理账户"窗口，如图 3-29 所示。

图 3-29　"管理账户"窗口

步骤 3：单击"创建一个新账户"链接，打开"创建新账户"窗口。

步骤 4：在文本框中输入新账户的名称，选择创建的账户类型，如图 3-30 所示，最后单击"创建账户"按钮。

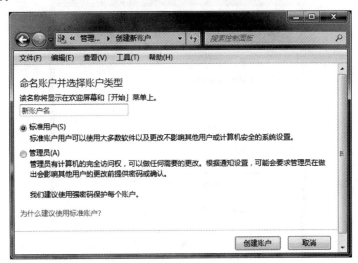

图 3-30　"创建新账户"窗口

步骤 5：在"管理账户"窗口中，选中要更改的账户图标，打开"更改账户"窗口，如图 3-31 所示。

图 3-31 "更改账户"窗口

步骤 6：在"更改账户"窗口中，可以进行"更改账户名称""创建密码""更改图片""设置家长控制""更改账户类型"和"删除账户"等操作。

步骤 7：最后，单击"管理其他账户"链接，返回"管理账户"窗口。

子任务 2 设置鼠标显示指针轨迹

步骤 1：打开"控制面板"窗口，查看方式选择"大图标"或"小图标"。

步骤 2：单击"鼠标"链接，打开"鼠标属性"对话框。

步骤 3：选择"指针选项"选项卡。

步骤 4：在"可见性"区域，勾选"显示指针轨迹"复选框，如图 3-32 所示。

图 3-32 "显示指针轨迹"复选框

步骤 5：单击"确定"或"应用"按钮，保存设置。

子任务 3　添加、删除输入法

步骤 1：打开"控制面板"窗口，查看方式选择"大图标"或"小图标"。

步骤 2：单击"区域和语言"链接，打开"区域和语言"对话框。

步骤 3：选择"键盘和语言"选项卡，单击"更改键盘"按钮，打开"文本服务和输入语言"对话框。

步骤 4：选择"常规"选项卡，如图 3-33 所示。

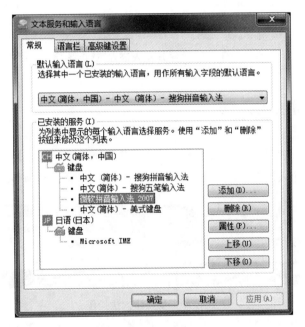

图 3-33　"文本服务和输入语言"对话框中的"常规"选项卡

步骤 5：单击"添加"按钮，打开"添加输入语言"对话框。

步骤 6：在"添加输入语言"对话框中，在列表框中单击要添加语言前面的"＋"，再勾选要添加输入法的复选框，单击"确定"按钮，如图 3-34 所示。

步骤 7：返回到"文本服务和输入语言"对话框，可以看到"已安装的服务"列表框中已经添加了新的输入法，最后单击"应用"或"确定"按钮即可完成添加操作。

〖小提示〗

进行删除输入法操作时，只需在"文本服务和输入语言"对话框中，单击选中要删除的输入法，再单击"删除"按钮，最后单击"应用"或"确定"按钮，即可完成删除操作。

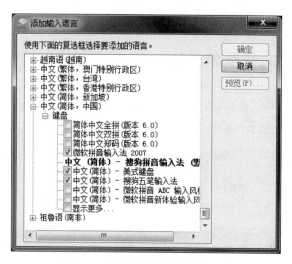

图 3-34 "添加输入语言"对话框

子任务 4　切换输入法

步骤 1：在桌面的任务栏中，单击语言栏中的"语言种类"按钮，选择语言种类。

步骤 2：再单击"输入法"按钮，选择要使用的输入法，如图 3-35 所示。

图 3-35　切换输入法操作

除以上操作外，也可以通过热键来切换输入法，几种常用的热键如下。

Ctrl+Shift 键：在添加的所有输入法之间顺序切换。

Ctrl+Space(空格)键：在当前中文输入法和英文输入法之间切换。

Shift+Space(空格)键：在全角和半角之间切换。

Shift 键：在中文输入法中，切换中英文输入。

当然，用户也可以根据自己需要定义热键。

子任务 5　更改时区、日期和时间

步骤 1：打开"控制面板"窗口，查看方式选择"大图标"或"小图标"。

步骤 2：单击"日期和时间"链接，打开"日期和时间"对话框。

步骤 3：选择"日期和时间"选项卡，如图 3-36 所示。

图 3-36 "日期和时间"对话框中的"日期和时间"选项卡

步骤 4：单击"更改时区"按钮，打开"时区设置"对话框，如图 3-37 所示。

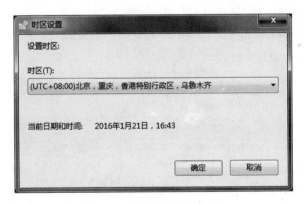

图 3-37 "时区设置"对话框

步骤 5：在"时区设置"对话框中，可以单击"时区"下拉列表框，选择所在的时区。
步骤 6：当设置结束后，单击"确定"按钮即可完成更改操作，返回"日期和时间"对话框。
步骤 7：单击"更改日期和时间"按钮，打开"日期和时间设置"对话框，如图 3-38 所示。
步骤 8：在"日期和时间设置"对话框中，可以再分别设置日期与时间。
步骤 9：当设置结束后，单击"确定"按钮即可完成更改操作，返回"日期和时间"对话框。

图 3-38 "日期和时间设置"对话框

子任务 6 在线更新系统时间和日期

步骤 1：打开"控制面板"窗口，查看方式选择"大图标"或"小图标"。

步骤 2：单击"日期和时间"链接，打开"日期和时间"对话框。

步骤 3：选择"Internet 时间"选项卡，单击"更改设置"按钮，打开"Internet 时间设置"对话框，如图 3-39 所示。

图 3-39 "Internet 时间设置"对话框

步骤 4：在"Internet 时间设置"对话框中，勾选"与 Internet 时间服务器同步"复选框，在"服务器"下拉列表框中选择更新的服务器。

步骤 5：当设置结束后，单击"立即更新"按钮，同步成功后会显示提示信息，再单击"确定"按钮，返回"日期和时间"对话框。

子任务 7　卸载应用程序

步骤 1：打开"控制面板"窗口，查看方式选择"大图标"或"小图标"。

步骤 2：单击"程序和功能"链接，打开"程序和功能"窗口，如图 3-40 所示。

图 3-40　"程序和功能"窗口

步骤 3：在"卸载或更改程序"列表中，列出了所有已安装的应用程序。右击要删除的应用程序，选择"卸载/更改"命令，即可进入程序卸载界面。

步骤 4：按照卸载步骤要求进行卸载，最后完成卸载操作。

任务五　磁盘管理

【任务描述】

通过磁盘管理功能对磁盘进行定期清理及维护，使其能够更高效、更长久地为我们服务。

【相关知识】

一、磁盘属性

磁盘属性包括常规、工具、硬件、共享、安全、以前的版本、配额和自定义 8 部分功能。

双击桌面上的"计算机"图标，打开"计算机"窗口，然后右击要查看的磁盘分区，在弹出的快捷菜单中选择"属性"命令，打开"磁盘属性"对话框，如图 3-41 所示。

图 3-41 "磁盘属性"对话框

磁盘属性中的具体功能如下。

常规：显示磁盘及文件系统类型、已用空间、可用空间及磁盘分区容量等信息。

工具：检查驱动器中的错误，碎片整理，备份驱动器中的文件。

硬件：查看驱动器信息，更新驱动器驱动程序。

共享：设置高级共享、密码保护功能。

安全：设置组或用户的权限。

以前的版本：还原以前版本的文件或文件夹。

配额：为磁盘空间进行配额限制，只能使用最大配额范围内的磁盘空间。

自定义：优化文件夹，自定义文件夹图标样式。

二、磁盘管理

磁盘管理的相关操作可参考项目二的任务五。

【任务实施】

子任务 1　对磁盘进行格式化操作

步骤 1：在桌面或"开始"菜单中，打开"计算机"窗口。

步骤 2：右键单击要格式化的磁盘图标，选择快捷菜单中的"格式化"命令，打开"格式化"对话框，如图 3-42 所示。

图 3-42　"格式化"对话框

步骤 3：在设置完各项参数后，单击"开始"按钮，系统会弹出确认对话框，单击"确定"按钮，开始进行格式化。

步骤 4：格式化完毕后，系统弹出提示对话框提示操作成功。

子任务 2　对 C 盘进行磁盘清理

步骤 1：单击"开始"菜单按钮，选择"所有程序"→"附件"→"系统工具"→"磁盘清理"命令，打开"驱动器选择"对话框，如图 3-43 所示。

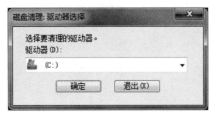

图 3-43　"选择驱动器"对话框

步骤 2：在"驱动器"下拉列表中选择 C 盘，然后单击"确定"按钮，弹出"磁盘清理"对话框，如图 3-44 所示。

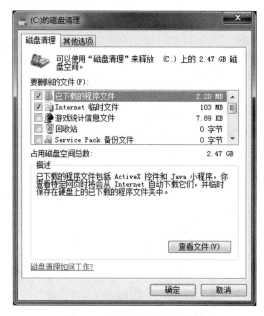

图 3-44 "磁盘清理"对话框

步骤 3：选择要删除的文件，单击"确定"按钮，会弹出确认对话框，再单击"删除文件"按钮，开始清理磁盘。

子任务 3　对 C 盘进行磁盘碎片整理

步骤 1：单击"开始"菜单按钮，选择"所有程序"→"附件"→"系统工具"→"磁盘碎片整理程序"命令，打开"磁盘碎片整理程序"窗口，如图 3-45 所示。

步骤 2：在"磁盘碎片整理程序"窗口中可以看到所有磁盘的当前状态，以及当前的碎片整理计划。

步骤 3：对磁盘碎片分布情况进行分析，选择驱动器 C 盘，单击"分析磁盘"按钮，系统将分析该磁盘是否要进行碎片整理。

步骤 4：确定要进行碎片整理后，单击"磁盘碎片整理"按钮，即可直接对磁盘进行碎片整理。

图 3-45 "磁盘碎片整理程序"窗口

🔊〖小提示〗

如果想要更改碎片整理计划,单击"配置计划"按钮,打开"修改计划"对话框,这里可以更改计划执行的频率、日期、时间以及磁盘,如图 3-46 所示。

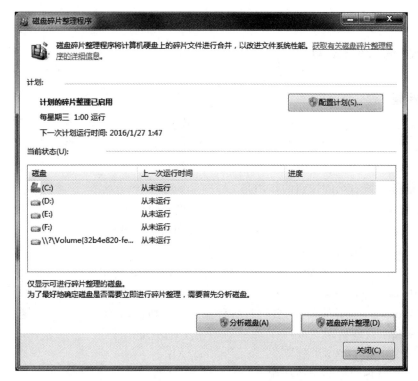

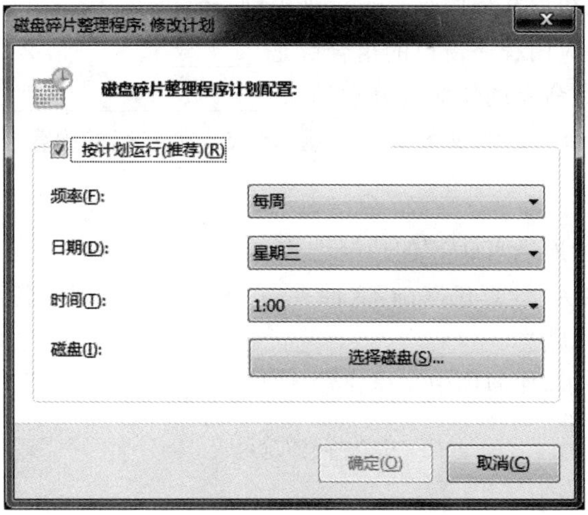

图 3-46 "修改计划"对话框

思考与练习

一、选择题

1. 在开始菜单中,"关闭"选项不可以进行的操作是_____。
   A. 关机　　　　　　　　　　　　B. 切换安全模式
   C. 锁定　　　　　　　　　　　　D. 注销
2. 单击任务栏最右端的按钮的作用是_____。
   A. 打开窗口　　　　　　　　　　B. 打开快捷菜单
   C. 显示桌面　　　　　　　　　　D. 切换当前窗口
3. 在同一驱动器之间的复制操作是_____。
   A. 按住 Ctrl 键用鼠标左键拖动　　B. 按住 Shift 键用鼠标左键拖动
   C. 直接用鼠标左键拖动　　　　　D. 按住 Alt 键用鼠标左键拖动
4. 在 Windows 7 操作系统中,要进行各种输入法的切换,应该按_____键。
   A. Ctrl＋Space(空格)　　　　　　B. Ctrl＋Shift
   C. Shift＋Space(空格)　　　　　 D. Alt
5. 磁盘碎片整理程序的主要作用是_____。
   A. 修复损坏的磁盘　　　　　　　B. 缩小磁盘空间
   C. 提高文件访问速度　　　　　　D. 扩大磁盘空间

二、填空题

1. 在安装 32 位 Windows 7 的最低配置中,内存的基本要求是_____GB 及以上。
2. 文件的类型可以根据文件的_____来识别。
3. 切换已经打开的应用程序窗口的组合键是_____。
4. 复制、剪切和粘贴命令的快捷键分别是_____、_____、_____。
5. 使用_____命令可以将文件碎片重组,形成一个连续的磁盘空间,以提高系统性能。

三、上机操作题

1. 在桌面上创建"本地磁盘(C)"的快捷方式。
2. 在 C 盘下创建名为"计算机基础"文件夹,在该文件夹中创建名为"操作系统"的文本文件,最后将该文本文件隐藏。
3. 在中文输入法中,添加简体中文全拼输入法。

项目四　Word 2010 文档排版

【引子】

Word 2010 是微软公司办公集成软件 Office 2010 中的一个应用软件，主要用于文字处理，是一个优秀的文字录入、文档排版软件。利用它可创建专业水准的文档，实现与他人协同工作，几乎可在任何地点访问和共享文档。

为了方便，下文把 Word 2010 称为 Word。

【本章内容提要】

- Word 的基本操作
- 文档中插入图形、表格与公式
- 排版设置
- 广告宣传单制作
- 文章的排版与批注

任务一　创建一个文档——Word 的基本操作

【任务描述】

通过创建一个 Word 文档，掌握如何建立、保存、打开、关闭 Word 文档，同时掌握在 Word 中输入文字、插入符号、插入图片与艺术字、设置字体与字号、设置行间距等方法。

【相关知识】

一、Word 的启动与退出

1. 启动

方法 1:从"开始"菜单启动。
(1)单击任务栏上的"开始"按钮。
(2)将鼠标指针移动到"程序"选项,将"程序"子菜单打开。
(3)选择"Microsoft Office"子菜单中的"Microsoft Word 2010"选项即可启动 Word。
方法 2:从桌面启动。
双击桌面上的 Word 快捷方式图标,即可启动(如果桌面上没有 Word 快捷方式图标,应先创建该图标)。这是最为快捷和简单的启动方式。
方法 3:文档驱动。
在"我的电脑"或者"资源管理器"中(XP 系统),双击 Word 文件的图标,即可启动 Word 并将文件打开。

2. 退出

方法 1:单击 Word 标题栏右上角的"×"(关闭)按钮。
方法 2:在"文件"选项卡中,选择"退出"命令。
方法 3:双击标题栏左上角的控制菜单图标。
方法 4:按 Alt+F4 组合键。
当文档已被修改,但还没保存,Word 会显示一个对话框,提示用户是否保存文件,如图 4-1 所示。单击"保存"按钮后保存文档,然后退出;单击"不保存"按钮后,不保存文档,然后退出;单击"取消"按钮后,不退出,继续编辑文档。

图 4-1 退出提示

二、认识 Word 工作窗口

用户启动并进入了 Word 以后,屏幕上将出现 Word 工作窗口,并同时打开一个空白文档,如图 4-2 所示。

项目四　Word 2010 文档排版

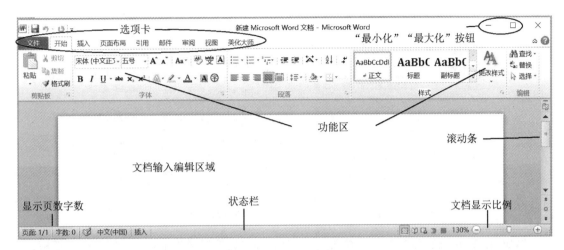

图 4-2　Word 工作窗口

状态栏用于显示键盘、系统状态和帮助信息等。

滚动条分水平滚动条和垂直滚动条，分别位于文档的下方和右侧。当文档内容在屏幕上显示不下时，可通过滚动条使文档作水平或者垂直滚动。

在图 4-2 中，选项卡包括文件、开始、插入、页面布局、引用、邮件、审阅、视图、美化大师等选项。

(1)"文件"选项卡用来保存文件、打开文件、新建文件、打印文件等。

〖小提示〗

单击左上角的磁盘图标 ，就可以保存当前文件。在文档编辑期间，间隔一段时间就保存一下，养成习惯。

(2)"开始"选项卡使用的频率最高，所以默认时"开始"选项卡被选中，其各个功能组被展开，如图 4-2 所示。图 4-2 中的功能组都属于"开始"选项卡。

(3)单击"插入"选项卡，展开"插入"选项下的各功能组，显示各功能组的功能按钮。如图 4-3 所示，有"页""表格""插图""链接""页眉和页脚""文本""符号"等功能组。

图 4-3　"插入"选项卡中的功能组

(4)单击"页面布局"选项卡，展开其功能组，如图 4-4 所示。

〖小提示〗

如果某个功能组右下角有图标 （对话框启动器），那么单击该图标就可以展开相应的对话框。

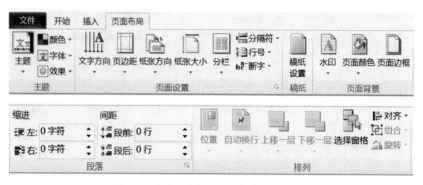

图 4-4 "页面布局"选项卡中的功能组

例如,在图 4-4 的"段落"组中,单击"段落对话框启动器",弹出如图 4-5 所示的对话框。

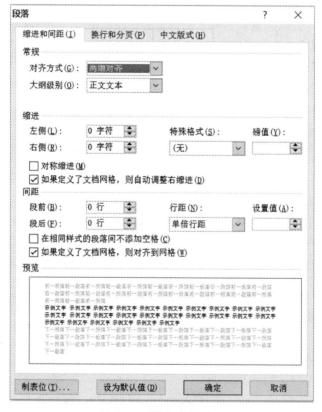

图 4-5 "段落"对话框

利用该对话框,可以设置行间距、段与段之间的间距、缩进字符数和对齐方式等。

三、开始选项卡

单击"开始"选项卡,展开"开始"选项卡中的各功能组(进入 Word 后,默认该工具栏已经展开),如图 4-2 所示。下面简单介绍"开始"选项卡中的各功能组。

1. 字体

"字体"功能组如图4-6所示。可以设置字体、字号、粗体、斜体、下划线、上下标、字体颜色等。

图4-6 "字体"功能组

🔊〖小提示〗

首先选中文字,然后再单击某个按钮设置字体、字号等。

单击"字体对话框启动器"展开"字体"对话框,如图4-7所示。在这里提供了更多的、常用的、与字体相关的操作功能。

图4-7 "字体"对话框

2. 段落

"开始"选项卡中的"段落"功能组如图4-8所示。

图4-8 "段落"功能组

(1)单击"项目符号"下拉按钮 ,弹出"项目符号"下拉列表,如图 4-9 所示,再单击某个符号,便可以(在当前光标活动位置)插入该符号。

(2)单击"编号"下拉按钮 ,弹出"编号"下拉列表,如图 4-10 所示,再单击其中某个编号图标,便可以插入该编号。

图 4-9 "项目符号"下拉列表

图 4-10 "编号"下拉列表

编号一般显示出 1,2,3 等序号,而项目符号不显示这样的序号。

(3) 是左端对齐, 是居中对齐, 是两端对齐。首先选中文字,然后单击某个对齐按钮,即可实现某种文字对齐。

〖小提示〗

选中区域是一项很重要的操作,选中区域,意味着下一步操作便是针对该区域进行的。按下左键拖动,便可以选中某个区域的文字或者其他对象。

(4) 用来设置行、段落间距等。

(5) 用来设置所选文字的背景色等。

(6) 能够给选中文字加上框线,制作成表格。

(7)单击"段落对话框启动器",打开"段落"对话框,如图 4-5 所示。

3. 样式

在"样式"功能组中,提供了"正文""标题""强调"等样式,如图 4-11 所示。

图 4-11 "样式"功能组

4. 编辑

"编辑"功能组如图 4-12 所示。在"编辑"功能组中,有"查找""替换""选择"等选项。可以在整个文档中查找某个单词或者某句话,查到后光标定位在那个位置。

使用替换功能则替换查找到的单词或者语句。

图 4-12 "编辑"功能组

5. 剪贴板

"剪贴板"功能组提供了"剪切""复制""粘贴""格式刷"等功能,如图 4-13 所示。

图 4-13 "剪贴板"功能组

剪切是将选中的内容放到剪贴板中,粘贴后,原来选中的内容被剪切掉;复制是把选中的内容复制到剪贴板中,粘贴后,原内容仍然保留在原位置。

利用右键快捷菜单进行操作更方便。

例如,选中第一句话,单击右键,弹出快捷菜单,在快捷菜单上选择"复制"命令,如图 4-14 所示。此时,第一句话已经被复制到剪贴板中。然后在第三行开始位置单击左键后,光标闪动,再在此处单击右键,在弹出的快捷菜单上选择"粘贴选项"的第一个,就会把第一句话粘贴到第三行,如图 4-15 所示。

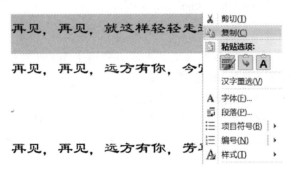

图 4-14 选定复制区域后,单击右键

再见，再见，就这样轻轻走远。

再见，再见，远方有你，今宵别梦寒。

再见，再见，就这样轻轻走远。

再见，再见，远方有你，芳草碧连天。

图 4-15 粘贴到光标所在位置

〚小提示〛

实际上，选择区域后，按住 Ctrl 键，然后在所选区域按下左键不松开，拖动到新的位置，也可以实现复制。

【任务实施】

子任务 1　字体设置

步骤 1：启动 Word，系统自动创建一个空白 Word 文档。

输入几段文字（宋体、小四号），如图 4-16 所示。

教学决不只是教，而有一部分是学。
不，大部分是学！
不是把别人的观点或自己的观点强加给学生，而是换位于学生，以学生的角度、陪同学生一起观察、分析、理解、记忆、整理、创新……
把学习当作考试，把考试当作学习。这也许是学习的最高境界，普通人难以做到。不过仔细思量，学习好的人似乎都做到了。

图 4-16　输入一段文字

图 4-16 中的文字用 Enter 键换行分成了 4 段。使用了 Word 的最基本的输入功能，即输入文字、设置字体、输入标点符号、分段等。

步骤 2：通过设置一些字体达到更好的效果。

例如，选中第二行，设置为黑体、四号、红色；把"分析、理解、记忆、整理、创新"这些词逐渐放大，分别设置为四号、小三、三号、小二、二号；把第一个单词"教学"设置为首字下沉，如图 4-17 所示。

教学决不只是教，而有一部分是学。
　　　　不，大部分是学！
不是把别人的观点或自己的观点强加给学生，而是换位于学生，以学生的角度、陪同学生一起观察、分析、理解、记忆、整理、创新……
把学习当作考试，把考试当作学习。这也许是学习的最高境界，普通人难以做到。不过仔细思量，学习好的人似乎都做到了。

图 4-17　设置字体

〖小提示〗

设置首字下沉使用"插入"选项卡。在"插入"选项卡中单击"文本"功能组中的"首字下沉"下拉按钮,在下拉列表中选择"首字下沉选项"命令,在弹出的对话框中设置格式,如图4-18所示,单击"确定"按钮后,即完成设置。

图 4-18 "首字下沉"对话框

子任务 2 段落设置

步骤 1:选中图 4-16 中的最后一段文字,单击右键,在弹出的快捷菜单中选择"段落"菜单项,打开"段落"对话框。

步骤 2:设置其段前为 1 行,段后默认为 0 行;行间距设置为"1.5 倍行距",如图 4-19 所示。

图 4-19 设置段间距与行间距

设置后如图 4-20 所示。

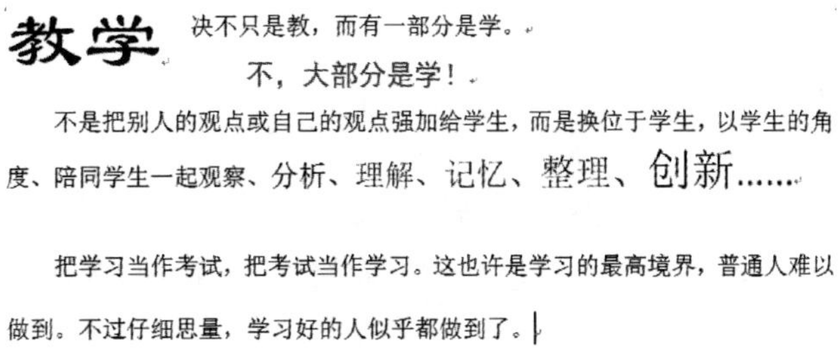

图 4-20 设置段间距与行间距后

子任务3　设置页面颜色

步骤1：在"页面布局"选项卡中单击"页面颜色"下拉按钮。
步骤2：在下拉列表中选中某种颜色，如浅绿色，设置后如图4-21所示。

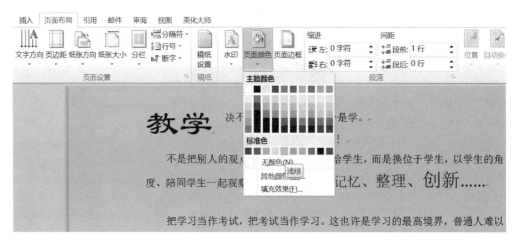

图4-21　设置页面颜色

任务二　研究报告的编写——文档中插入图形、表格与公式

【任务描述】

通过编写一个小的研究报告，掌握在Word文档中插入图片、表格、公式和符号的方法。

【相关知识】

一、插入符号

默认情况下，插入符号的功能按钮在"插入"选项卡功能区的最右部，如图4-22所示。
在"插入"选项卡中，单击"符号"功能组中的"符号"下拉按钮，弹出一些常用的字符，如图4-23所示。
如果单击下拉列表中的"其他符号"按钮，则弹出"符号"对话框，如图4-24所示。单击某个符号,便可以插入到文档中。

图 4-22 "插入符号"功能按钮

图 4-23 最近使用过的符号

图 4-24 "符号"对话框

二、插入页眉和页脚

页眉和页脚分别指的是页面的上页边距和下页边距中显示的文字或者图片内容。在图 4-25 中,章名及页码就写在页眉中。

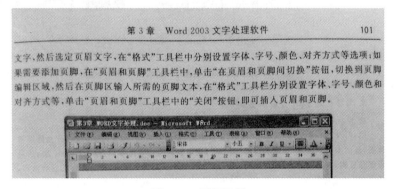

图 4-25 页眉示例

图 4-26 中显示的作者信息、收稿日期等内容就写在页脚中。

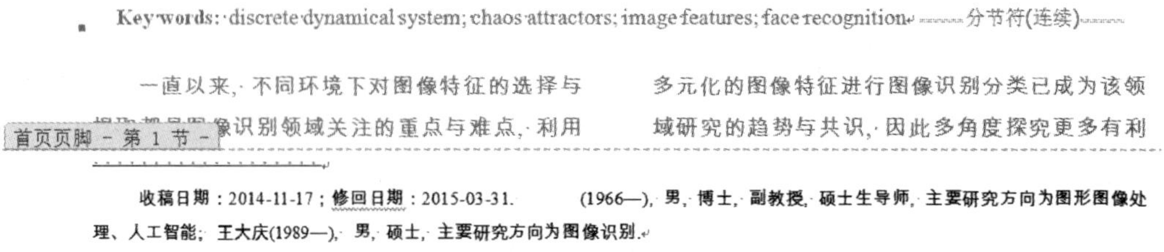

图 4-26 页脚示例

在"插入"选项卡中,有一个设置页眉、页脚、页码的功能组,如图 4-27 所示。利用这些工具按钮设置页眉和页脚。

图 4-27 "页眉和页脚"功能组

三、插入艺术字与图片

1. 插入艺术字

步骤 1:在"插入"选项卡中单击"文本"功能组中的"艺术字"下拉按钮,弹出各种艺术字面板,如图 4-28 所示。

图 4-28 各种可供选择的艺术字

步骤2:选择某种艺术字,在文档中输入该种风格的文字。例如,单击  按钮,弹出"编辑艺术字文字"对话框,如图4-29所示。

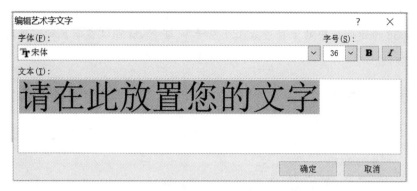

图4-29 "编辑艺术字文字"对话框

步骤3:在该对话框中输入文字,单击"确定"按钮,艺术字便会写到文档中,如图4-30所示。

图4-30 艺术字输出到文档中

2. 插入剪贴画

步骤1:在"插入"选项卡中单击"插图"功能组中的"剪贴画"按钮  ,在文档编辑区右侧弹出"剪贴画"搜索面板,如图4-31所示。

步骤2:在"选中的媒体文件类型"中勾选"插图"复选框,单击"搜索"按钮,即搜索到大量的剪贴画,如图4-32所示。

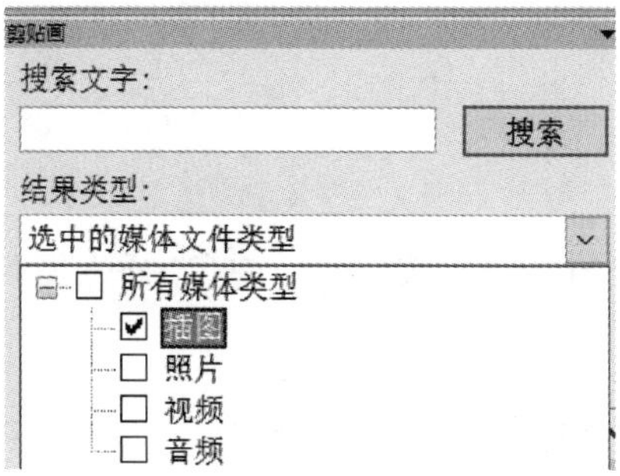

图4-31 剪贴画搜索面板   图4-32 剪贴画

步骤 3：按住鼠标左键，将剪贴画拖到文档中。

步骤 4：拖动该画到任意位置或用鼠标调整图画的大小。

〖小提示〗

拖动图 4-32 所示面板中的滚动条或上下符号 ∧ 与 ∨，就可以显示多种图案的剪贴画。

3．插入形状

步骤 1：在"插入"选项卡的"插图"功能组中，单击 按钮，展开可供选择的各种形状面板，如图 4-33 所示。

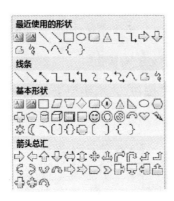

图 4-33　可以插入的各种形状

步骤 2：双击某个形状，在文档中显示该形状，然后调整其位置与大小；或者，单击某个形状，按住鼠标左键拖动，绘制出该图形，如图 4-34 所示。

图 4-34　插入 Word 文档中的几个形状

〖小提示〗

插入的形状也可添加颜色。

4．插入图片

步骤 1：在"插入"选项卡中单击"插图"功能组中的"图片"按钮 ，弹出"插入图片"对话框，如图 4-35 所示。

步骤 2：选择对话框中的某个图片，就会把该图片粘贴到 Word 文档中。

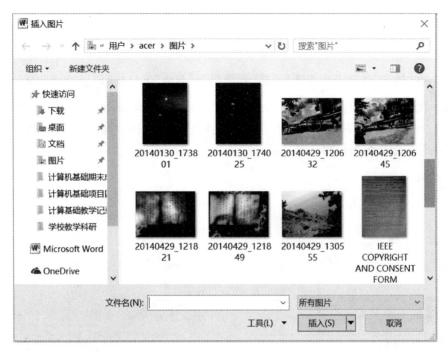

图 4-35 "插入图片"对话框

四、插入文本框

在"插入"选项卡中单击"文本"功能组中的"文本框"下拉按钮 ,弹出下拉列表。在下拉列表中选择"绘制文本框"命令,在文档中绘制一个线框区域,然后在其中输入文字等。

文本框中的文字可以横排也可以竖排;文本框可以在文档中进行任意拖动,可以对文本框进行设置背景色、去掉边框等操作,其效果如图 4-36 所示。

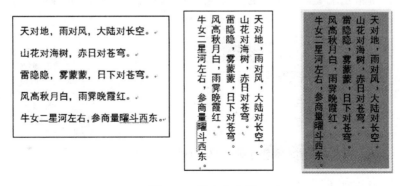

图 4-36 插入文本框

〖小提示〗

文本框内也可以插入图片、公式、表格等对象。

五、插入表格

方法1：在"插入"选项卡中单击"表格"功能组的"表格"下拉按钮，在弹出的下拉列表中用鼠标选择代表表格行数和列数的方格，如图4-37所示，自动绘制出4行6列的表格。

方法2：在图4-37中，单击"插入表格"按钮，弹出"插入表格"对话框，如图4-38所示，在对话框中可进行更加详细的设置。

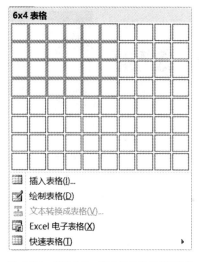

图4-37 "插入"→"表格"的下拉列表

图4-38 "插入表格"对话框

插入表格后，可进行如下操作。

(1) 输入文字。
(2) 拖动表格线，改变表格的宽与高。
(3) 单击图4-37中的"绘制表格"按钮，绘制新的表格线（包括斜线）。
(4) 选中表格单击右键，在弹出的快捷菜单中选择"合并单元格"命令，删除网格线，如图4-39所示。

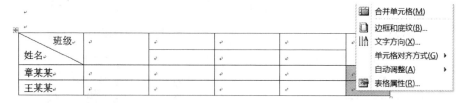

图4-39 插入表格后，既可以绘制网格线，也可以删除网格线

〖小提示〗

在"插入"→"表格"的下拉列表中，还有一个"快速表格"选项，单击该选项，弹出一系列的快速表格模板，如图4-40所示。选中某个模板，便可以绘制出某种风格的表格。

项目四　Word 2010 文档排版

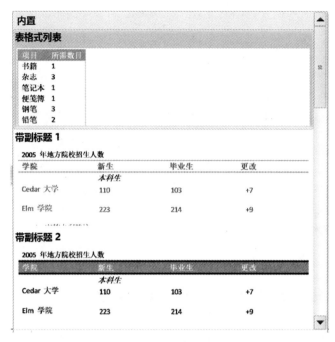

图 4-40　"快速表格"模板

六、插入公式对象

步骤 1：在"插入"选项卡中单击"文本"功能组中的"对象"按钮 对象，弹出"对象"对话框，如图 4-41 所示。

图 4-41　"对象"对话框

步骤 2：单击"对象类型"中的 Microsoft 公式 3.0 按钮，输入数学公式。如图 4-42 所示，输入积分表达式等。其中，英文字母可以直接从键盘输入；希腊字母大小写等其他字符在公式中可以直接找到;可以插入积分、求和、分数、根号、上标、下标、各种运算符、大于号、小于号、箭头、空格等。

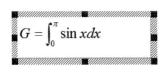 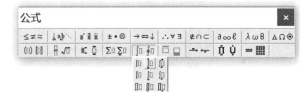

图 4-42　输入积分表达式

【任务实施】

子任务 1　设计研究报告版面并输入文字

步骤 1:新建一个 Word 文档,设置字体、字号,并输入文字,如图 4-43 前 3 行所示。

随机生成三个多项式构造成三维迭代系统,经过大量的计算实验观察,很难得到混沌吸引子,也就是很难出现混沌。但是,如果先设计好一个三维函数,如式(3-6)所示的正弦函数,然后再随机生成两个三元函数,如式(3-7)、式(3-8)所示,就可以很容易出现混沌,得到混沌吸引子。

$$f(x,y,z) = \sin(\pi(x^2+y^2+z^2)) \quad\quad (3-6)$$

$$g(x,y,z) = a_1 + a_2x + a_3y + a_4z + a_5x^2 + a_6y^2 + a_7z^2 + a_8xy + a_9yz + a_{10}xz \quad (3-7)$$

$$h(x,y,z) = b_1 + b_2x + b_3y + b_4z + b_5x^2 + b_6y^2 + b_7z^2 + b_8xy + b_9yz + b_{10}xz \quad (3-8)$$

设计下面程序,就可以绘制出三维吸引子。

图 4-43　输入文字与公式

步骤 2:在"插入"选项卡中单击"文本"功能组的"对象"下拉按钮,在弹出的下拉列表中选择"对象"菜单项中的"Microsoft 公式 3.0"命令,在弹出的"公式"编辑框中编辑公式,编辑结果如图 4-43 第 4～6 行所示。

在图 4-43 中,"sin"、括号、字母都可以直接从键盘输入,π 可以从"公式"编辑框中查找后插入,如图 4-44 所示。

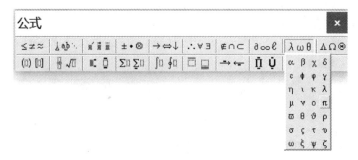

图 4-44　在公式中找到符号并插入文档

平方及下标,单击"公式"编辑框中的按钮,即可找到。

步骤 3:输入程序。程序输入有固定的缩进格式,如图 4-45 所示。

【程序 3-7】使用三维正弦函数构造动力系统,绘制三维吸引子

```
clc; clear all;
pi=3.14159; p=1;
a =[0.1410 0.4959  -0.0005  -0.0699  0.3292  -0.3833  0.0987  -0.2788  -0.1013  -0.1988];
b =[ 0.1335  0.4450  -0.4941  0.3166  0.1909  0.4810  -0.4303  -0.4550  0.2400  0.3191];
for x=-1:0.1:1
    for y=-1:0.1:1
        for z=-1:0.1:1
            xx(p)=a(1)+a(2)*x+a(3)*y+a(4)*z+a(5)*x^2+a(6)*y^2+a(7)*z^2+a(8)*x*y+a(9)*y*z+a(10)*x*z;
            yy(p)=b(1)+b(2)*x+b(3)*y+b(4)*z+b(5)*x^2+b(6)*y^2+b(7)*z^2+b(8)*x*y+b(9)*y*z+b(10)*x*z;
            p=p+1;
        end
    end
end
```

图 4-45　输入程序

在计算机程序中,乘法符号使用"*",标点符号使用英文状态的标点符号,平方使用"^";π 用英文字母"pi"表示。

【小提示】

程序中有些表达虽然正确,但不符合 Word 的英文语法,所以程序中会出现绿色与红色的提示线。

子任务 2　插入研究报告中的表格

步骤 1:将文字转换成表格。

表格中的数据来源于程序,将这些数据转换成表格。选中数据(见图 4-46),然后单击"插

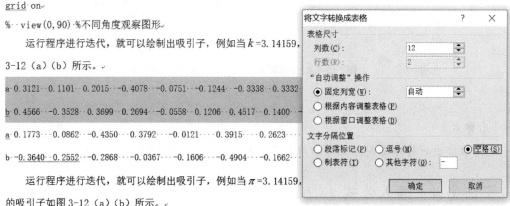

图 4-46　选中数据并打开"将文字转换成表格"对话框

入表格"的子菜单项 ![文本转换成表格(V)],弹出"将文字转换成表格"对话框,在"文字分隔位置处"选择"空格"选项,单击"确定"按钮后,自动会把数据转化为表格,如图 4-47 所示。

a	0.3121	0.1101	0.2015	−0.4078	−0.0751	−0.1244	−0.3338	0.3332	0.3386	−0.0484	
b	0.4566	−0.3528	0.3699	0.2694	−0.0558	0.1206	0.4517	0.1400	−0.2527	−0.1473	

a 0.1773 0.0862 −0.4350 0.3792 −0.0121 0.3915 0.2623 0.1553 0.4715 −0.3289
b −0.3640 0.2552 −0.2868 −0.0367 −0.1606 −0.4904 −0.1662 −0.2532 −0.4941 0.4056

图 4-47 数据转换为表格

步骤 2:删除空列。

在图 4-47 所示的表中,最后一列是空列,可以右击选中该列,在弹出的快捷菜单中选择"删除列"命令,即可删除该空列。

同理,可以把图 4-46 的下面两行数据变成表格。

子任务 3 插入图形

插入图形的方法有多种,这里使用直接粘贴的方法将图形粘贴到 Word 文档中。

步骤 1:选择并复制图形。

步骤 2:将光标移到 Word 文档要粘贴图形的位置。

步骤 3:单击右键,选择"粘贴"命令,把图形粘贴到 Word 文档中,如图 4-48 所示。

运行程序进行迭代,就可以绘制出吸引子,例如当 $k=3.14159$,多项式系数如下所示时,绘制出的吸引子如图 3-12(a)(b)所示。

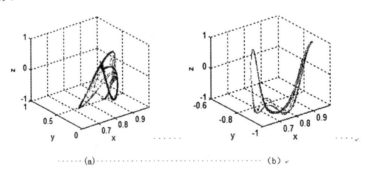

图 3-12 三维正弦函数与两个多项式函数绘制出的三维吸引子

图 4-48 插入图形

〖小提示〗

也可以通过打开现有图像文件的形式将图形插入 Word 文档中。

子任务 4 插入公式

步骤 1:继续输入文字与公式。

在使用公式编辑器输入分数时,需要使用图 4-44 中的 按钮,编辑结果如图 4-49 所示。

计算 $g(x,y,z)$ 的绝对值的最大值 Gmax,$h(x,y,z)$ 的绝对值的最大值 Hmax,然后把原来的 $g(x,y,z)$ 与 $h(x,y,z)$ 分别缩小 Gmax 与 Hmax 倍,这样,保证这两个随机函数被压缩到-1 到 1 之间;这样迭代 2,3 次就可以出现一个吸引子,在出现的吸引子中,有很多具有观赏和使用价值。

如果使用式(3-9)计算。

$$g(x,y,z) = \frac{g(x,y,z) - 0.5(G_{max} + G_{min})}{G_{max} - G_{min}}, \quad h(x,y,z) = \frac{h(x,y,z) - 0.5(H_{max} + H_{min})}{H_{max} - H_{min}} \quad (3-9)$$

这样,把多项式函数拉伸到-1 到 1 之间,并且形成满射,这种情况几乎每次都能产生混沌,可用的吸引子增加,形状变化也增加,如图 3-12(e)(f)所示。

图 4-49 插入公式

〖小提示〗

使用公式编辑器输入根号时,使用 按钮组中带根号的按钮。

任务三 文档按要求排版——排版设置

【任务描述】

对以下文档按要求进行排版。

1 月 15 日电,今天下午,中国互联网络信息中心(CNNIC)在京发布第 31 次《中国互联网络发展状况统计报告》(以下简称《报告》)。

《报告》显示,截至 2012 年 12 月底,我国网民规模达到 5.64 亿人,全年共计新增网民 5 090 万人。互联网普及率为 42.1%,较 2011 年底提升 3.8%。从数据看,两项指标均延续了自 2011 年以来的增速趋缓之势。

《报告》表示,当前互联网已经成为影响我国经济社会发展、改变人民生活形态的关键行业,自 1997 年中国互联网络信息中心发布统计报告,见证了中国互联网从起步到腾飞的全部过程,其严谨客观的数据,成为政府、经济、文化、科技等各部门掌握中国互联网发展动态、制定相关政策的依据,受到各方面的重视,其数据被国内外广泛引用。

网民规模增速放缓 手机网民增幅明显。

与此同时,我国手机网民数量快速增长。数据显示,2012 年我国手机网民数量为 4.2 亿人,年增长率达 18.1%,远超网民整体增幅。此外,网民中使用手机上网的比例继续提升,由 69.3% 上升至 74.5%,其第一大上网终端的地位更加稳固,但是手机网民规模与整体 PC 网民(包括台式电脑和笔记本电脑)相比还有一定差距。

具体要求如下:

(1)设置页边距为上、下、左、右各 2.7 厘米,装订线在左侧;设置文字水印页面背景,文字为"中国互联网信息中心",水印版式为斜式。

(2)设置文字"中国网民规模达 5.64 亿人"为标题;设置文字"互联网普及率为 42.1%"为副标题。

(3)改变段间距和行间距(间距单位为行),段间距为段前 0.5 行,段后 0 行,行间距为 1.5 倍行距。

(4)在页面顶端插入"边线型提要栏"文本框,将第 1 段文字"1 月 15 日电,今天下午,中国互联网信息中心(CNNIC)在京发布第 31 次《中国互联网络发展状况统计报告》"移入文本框内,设置字体、字号、颜色等。

(5)将第 2,第 3 段的段首"《报告》显示"和"《报告》表示"设置为斜体、加粗、红色、双下划线。

(6)在文档中插入一幅剪贴画或者其他图片,版式设置为四周环绕。

【相关知识】

一、页面布局

1. 纸张大小

在"页面布局"选项卡中单击"页面设置"功能组的"纸张大小"下拉按钮,弹出各种纸张规格,如图 4-50 所示。单击其中某个选项完成对纸张的设置。

单击最后一个选项 其他页面大小(A)... ,弹出"页面设置"对话框。

图 4-50　设置纸张大小

2. 页边距

在"页面布局"选项卡中单击"页面设置"功能组的"页边距"下拉按钮,弹出各种页边距列表,如图 4-51 所示。单击其中某个选项完成对页边距的设置。

项目四 Word 2010 文档排版

图 4-51 设置页边距

单击最后一个选项 自定义边距(A)...,将弹出"页面设置"对话框。

3."页面设置"对话框

单击"页面布局"选项卡中的"页面设置对话框启动器" ,弹出"页面设置"对话框,如图 4-52 所示。对话框中一共有 4 个选项卡,其中"页边距"选项卡提供了页边距设置、纸张(横竖)方向设置等。

图 4-52 "页面设置"对话框

切换到"纸张"选项卡,可以设置纸张大小。

切换到"版式"选项卡,如图4-53所示。可以进行页眉、页脚宽度的设置,以及页面垂直对齐方式的设置。

切换到"文档网格"选项卡,如图4-54所示。在该选项卡中,可以设置文字方向、分栏数目、每行字符数、每页行数等。

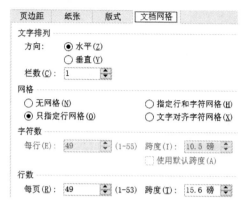

图4-53 "版式"选项卡　　　　　图4-54 "文档网格"选项卡

4．分栏

首先选中要分栏的文字或者对象,然后在"页面布局"选项卡中单击"页面设置"功能组的按钮,选择各种分栏方式。可以把选中文字分为两栏、两栏偏左、两栏偏右、三栏等。

5．水印

有时为了安全防范以及版权的需要,在Word文档中加入水印。在"页面布局"选项卡中单击"页面背景"功能组的"水印"下拉按钮,展开如图4-55所示的"水印"下拉列表。

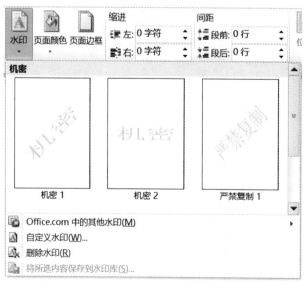

图4-55 "水印"下拉列表

该下拉列表中除有加入水印的功能外,还有删除水印的功能。

二、文本框的使用

写入文本框中的文字或者插入文本框内的图片、公式、表格等对象,可以随文本框移动到文档的任何位置。同时 Word 还提供了一些特殊的文本框模板,如图 4-56 所示。

在图 4-56 中,单击 Office.com 中的其他文本框(M) 按钮,还可以使用 Office.com 中的其他文本框模板,如图 4-57 所示。

图 4-56 各种文本框模板

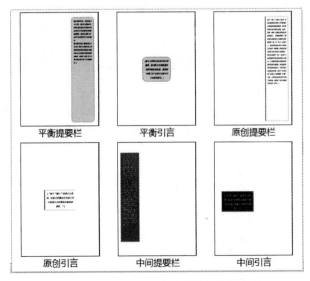

图 4-57 Office.com 中的其他文本框模板

三、字体的附加设置

在图 4-7 所示的"字体"对话框中,除可以设置字体、字号、颜色外,还提供了加入下划线、删除线、上标、下标等功能。

例如,在文档中选中文字"大家好,欢迎来到我校!",然后在图 4-58 所示"字体"对话框中分别选中"阴影""空心""阳文""阴文",得到的效果分别如图 4-59 从上到下所示。(注:为了观察清楚,把"阳文"的字设为绿色,"阴文"的字设为红色)。

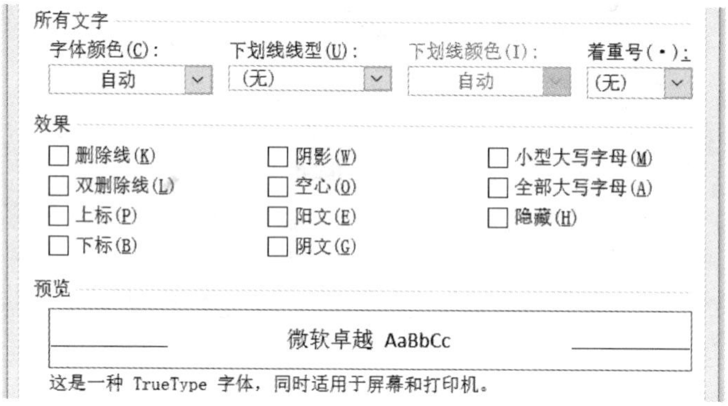

图 4-58 文字效果设置

图 4-59 4 种文字效果

在"字体"对话框中切换到"高级"选项卡,如图 4-60 所示。在这里可以设置字符间距,即字符横向之间的距离。

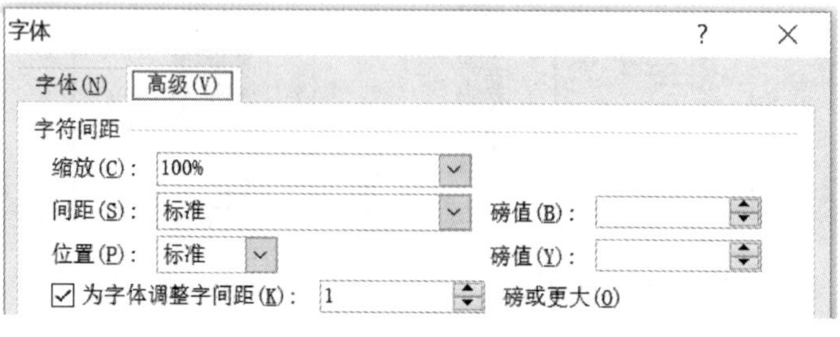

图 4-60 "字体"对话框中的"高级"选项卡

四、图片的版式

当文档中插入图片后,右击该图片,弹出快捷菜单如图 4-61 所示。在快捷菜单中选择 设置图片格式(I)...菜单项,弹出"设置图片格式"对话框,如图 4-62 所示。

图 4-61 "图片"快捷菜单　　　　图 4-62 "设置图片格式"对话框

图 4-62 所示的是"图片"选项卡,可进行图片裁剪、图片的亮度与对比度等设置。

在"颜色与线条"选项卡中,设置图片的填充效果、透明度等;

在"大小"选项卡中,设置图像的大小等;

切换到"版式"选项卡,如图 4-63 所示。可以设置图片为嵌入型、四周型,或让图片衬与文字下方或者浮于文字上方。

图 4-63 "设置图片格式"对话框中的"版式"选项卡

【任务实施】

子任务 1　页边距设置

步骤 1：在"页面布局"选项卡中单击"页面设置"功能组的"页边距"下拉按钮，选择 自定义边距(A)... 菜单项，弹出"页面设置"对话框。

步骤 2：在弹出的对话框中设置上、下、左、右页边距均为 2.7 厘米，单击"确定"按钮，如图 4-64 所示。

图 4-64　页边距设置

子任务 2　设置水印

步骤 1：在"页面布局"选项卡中单击"页面背景"功能组中的"水印"下拉按钮，选择 自定义水印(W)... 菜单项，弹出"水印"对话框。

步骤 2：在"水印"对话框中选择"文字水印"，在文字栏输入"中国互联网信息中心"，这样就会把这几个字作为水印输出到文档中。

步骤 3：为了观察清楚，把"字体"改为楷体；"字号"改大一些，如 72；颜色改为紫色，如图 4-65 所示。

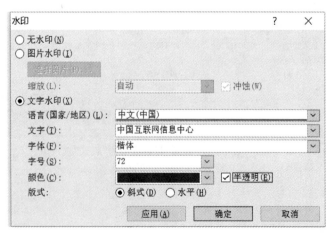

图 4-65　"水印"对话框

步骤4:单击"确定"按钮。

设置完水印的效果如图 4-66 所示。

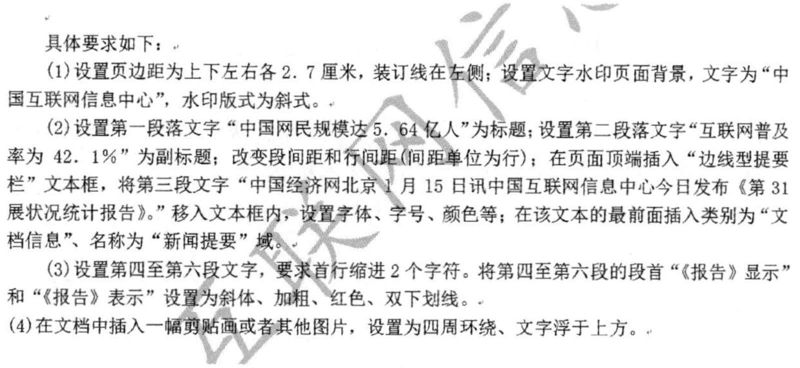

具体要求如下:
（1）设置页边距为上下左右各2.7厘米,装订线在左侧;设置文字水印页面背景,文字为"中国互联网信息中心",水印版式为斜式。
（2）设置第一段落文字"中国网民规模达5.64亿人"为标题;设置第二段落文字"互联网普及率为42.1%"为副标题;改变段间距和行间距(间距单位为行);在页面顶端插入"边线型提要栏"文本框,将第三段文字"中国经济网北京1月15日讯中国互联网信息中心今日发布《第31展状况统计报告》。"移入文本框内,设置字体、字号、颜色等;在该文本的最前面插入类别为"文档信息"、名称为"新闻提要"域。
（3）设置第四至第六段文字,要求首行缩进2个字符。将第四至第六段的段首"《报告》显示"和"《报告》表示"设置为斜体、加粗、红色、双下划线。
（4）在文档中插入一幅剪贴画或者其他图片,设置为四周环绕、文字浮于上方。

图 4-66 设置水印的效果

子任务3　插入标题

步骤1:把题目要求的两句话复制粘贴到文章的第一行与第二行。

步骤2:然后使用"开始"选项卡中"样式"功能组中的"标题"与"副标题"进行设置,如图4-67所示。

中国网民规模达**5.64**亿人

互联网普及率为**42.1%**

图 4-67 设置标题

子任务4　设置段间距与行间距

步骤1:打开"段落"对话框。在"开始"选项卡中单击"段落对话框启动器" ,即可打开"段落"对话框。

🔊〖小提示〗

在文档中单击右键,在弹出的快捷菜单中也有"段落"菜单项,单击它即可打开"段落"对话框。

步骤2:打开"段落"对话框后,设置段间距与行间距,如图 4-68 所示。

图 4-68 设置段间距与行间距

子任务 5　插入"边线型提要栏"文本框

步骤 1:在"插入"选项卡中单击"文本"功能组的"文本框"下拉按钮,在下拉列表中选择"边线型提要栏"命令。

步骤 2:将第 1 段文字"1 月 15 日电,今天下午,中国互联网信息中心(CNNIC)在京发布第 31 次《中国互联网络发展状况统计报告》"移入文本框内。

步骤 3:设置字体为楷体、字号为五号、颜色为红色;如图 4-69 所示。

> 1月 15 日电,今天下午,中国互联网络信息中心(CNNIC)在京发布第 31 次《中国互联网络发展状况统计报告》。
>
> **中国网民规模达到 5.64 亿人**

图 4-69　"边线型提要栏"文本框

子任务 6　字体设置

步骤 1:选中文字。
步骤 2:打开"字体"对话框。
步骤 3:设置字体颜色为红色,字形为加粗斜体,下划线线型为双下划线,如图 4-70 所示。

图 4-70　字体设置

🔊〖小提示〗

在文档中选中一个区域,按住 Ctrl 键,再选中其他区域,这样可以选择不相邻的多个区域。

子任务 7　设置图片环绕方式

步骤 1:插入图片。
步骤 2:按照图 4-61 至图 4-63 所示,设置图片的环绕方式。此处设置为四周环绕方式,如图 4-71 所示。

《报告》显示，截至 2012 年 12 月底，我
万人。互联网普及率为 42.1%，较 2011 年底提
以来的增速趋缓之势。

《报告》表示，当前互联P
形态的关键行业，自 1997 年中
联网从起步到腾飞 的全部过利
科技等各部门掌握 中国互联P
重视，其数据被国内外广泛引用。

图 4-71　设置图片环绕方式为四周环绕

任务四　广告宣传单制作

【任务描述】

通过制作一个广告宣传单，进一步熟悉并掌握 Word 的页面设置、字体设置、表格制作、文本框使用、图形插入等功能。

该宣传单的效果如图 4-72 所示。

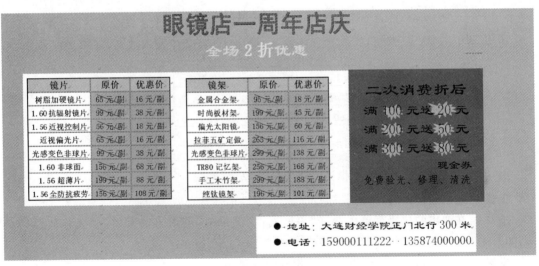

图 4-72　一个宣传广告

【相关知识】

一、表格的基本操作

1. 插入一个 3 行 3 列表格，根据内容调整单元宽度

步骤 1：单击"插入"选项卡中的"表格"下拉按钮，选择 插入表格(I)... 命令。

步骤 2：在弹出的"插入表格"对话框中，设置行列均为 3，选中"根据内容调整表格"，如图 4-73 所示。

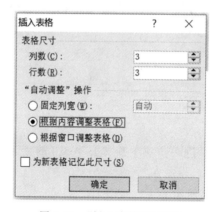

图 4-73 "插入表格"对话框

步骤 3：单击"确定"按钮，生成一个 3 行 3 列的空表，在表中输入数据，如图 4-74 所示。

镜片	原价	优惠价
树脂加硬镜片	65 元/副	16 元/副
1.60 抗辐射镜片	99 元/副	38 元/副

图 4-74 根据内容调整宽度的表格

2. 打开"表格属性"对话框

步骤 1：选中表格内容，单击鼠标右键。

步骤 2：在弹出的快捷菜单中选择"表格属性"菜单项（见图 4-75），打开"表格属性"对话框，如图 4-76 所示。

步骤 3：在"表格属性"对话框中进行相应的设置。

3. 设置表格的边框和底纹

为了更好地绘制表格，Word 提供了"边框和底纹"对话框。在图 4-76 中单击"边框和底纹"按钮，即可弹出"边框和底纹"对话框。

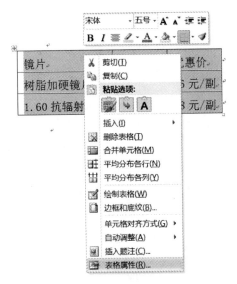

图 4-75　表格的快捷菜单

图 4-76　"表格属性"对话框

🔊〖小提示〗

在如图 4-75 所示的表格快捷菜单中,选择"边框和底纹"命令,也可以弹出如图 4-77 所示的"边框和底纹"对话框。

(1)"边框和底纹"对话框的第一个选项卡是"边框",如图 4-77 所示。

首先选中边框线的样式、颜色、线宽,然后再选择哪条边框。图 4-77 右部的一些按钮分别表示上水平边线⊞、中水平边线⊞、下水平边线⊞、左竖直边线⊞、中竖直边线⊞、右竖直边线⊞等。利用该选项卡中提供的按钮,可以绘制出如图 4-78 所示的表格。

(2)"边框和底纹"对话框的第二个选项卡是"页面边框",使用该选项卡可以设置一个页面的边框。

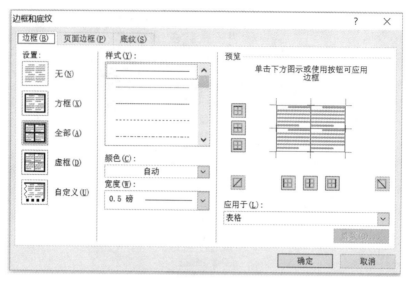

图 4-77 "边框和底纹"对话框

镜片	原价	优惠价
树脂加硬镜片	65 元/副	16 元/副
1.60 抗辐射镜片	99 元/副	38 元/副

图 4-78 设置表格的边框

（3）"边框和底纹"对话框的第三个选项卡是"底纹"，使用该选项卡可以设置整个表格的底色或某些单元格的底色，如图 4-79 所示。

镜片	原价	优惠价
树脂加硬镜片	65 元/副	16 元/副
1.60 抗辐射镜片	99 元/副	38 元/副

图 4-79 设置单元格的颜色

二、插入图片的方法

1. 插入斜线并设置属性

步骤 1：在"插入"工具栏中单击"插图"功能组的"形状"下拉按钮，选择"线条"子菜单中的 \ 命令，在文档中绘制出斜线段。

步骤 2：在斜线段上单击右键，选择 设置自选图形格式(O)... 命令，弹出"设置自选图形格式"对话框，如图 4-80 所示。

步骤 3：在图 4-80 中分别设置颜色、线条虚实、粗细。

步骤 4：用鼠标左键拖动斜线的一端，调整长短与方向。

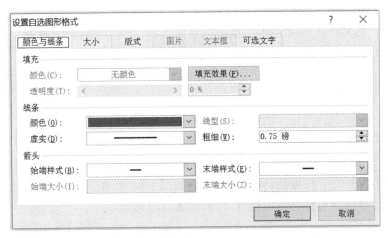

图 4-80 "设置自选图形格式"对话框

步骤 5：复制粘贴该线条到单元格中，效果如图 4-81 所示。

镜片	原价	优惠价
树脂加硬镜片	65 元/副	16 元/副
1.60 抗辐射镜片	99 元/副	38 元/副

图 4-81 插入红色的斜线条

◆〖小提示〗

在如图 4-80 所示的对话框中，第二个选项卡是"大小"，使用该选项卡可以设置线条等的准确高宽与倾斜角度。第三个选项卡是"版式"，可以设置其为四周环绕、衬于文字下方等。

2. 自绘制图片并插入文档

可以使用画图软件绘制一个图形，并将绘制的图片插入文档中。

步骤 1：打开 Windows 自带的画图软件，随意绘制一个图形，如图 4-82 所示。

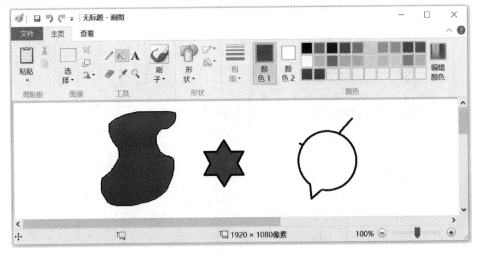

图 4-82 使用画图软件绘制图形

步骤2:将该图形保存为文件,然后使用"插入"选项卡中"插图"功能组中的"图片"功能,找到该图形文件,将其插入到文档中。也可以在图4-82所示的画图中,选择、复制,然后将选择后的图形区域直接粘贴到 Word 文档中。

三、项目符号的添加

为了条理清晰,有时需要在文档中加入项目符号。字符等也可以作为项目符号。
步骤1:在"开始"选项卡中单击"段落"功能组中的 图标。
步骤2:单击右侧的下拉按钮,弹出下拉列表如图4-83所示。
步骤3:单击要作为项目符号的符号,将其加入到段落前。

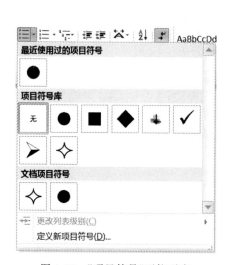

图 4-83 "项目符号"下拉列表

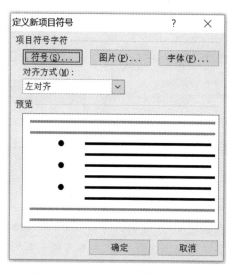

图 4-84 "定义新项目符号"对话框

在图4-83中选择"定义新项目符号"命令,弹出"定义新项目符号"对话框,如图4-84所示,可以添加新的符号。例如,在图4-84中单击"符号"按钮,弹出如图4-85所示的对话框。

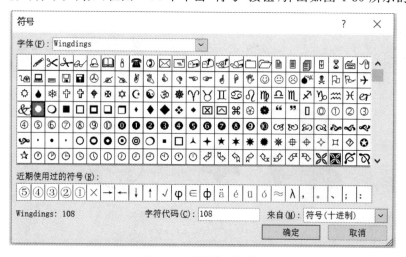

图 4-85 "符号"对话框

在图 4-85 中单击某个图片符号，便可以选择其作为项目符号。也可以搜索或者导入机器中其他图片作为项目符号。

【任务实施】

子任务 1　纸张方向与页面颜色

步骤 1：在"页面布局"选项卡中单击"页面设置"功能组中的"纸张方向"下拉按钮，然后选择"横向"命令。

步骤 2：在"页面布局"选项卡中，单击"页面背景"功能组中的"页面颜色"下拉按钮，选择"深蓝、淡色 60%"选项，如图 4-86 所示。

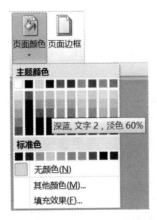

图 4-86　"页面颜色"下拉列表

子任务 2　输入题头

步骤 1：输入"眼镜店一周年店庆"，选中后右击，在弹出的快捷菜单中选择"字体"菜单项，在弹出的"字体"对话框中选择"文字效果"命令，然后进行设置。

步骤 2：输入文字"全场 2 折优惠"，然后把"全场""优惠"设置为黄色、隶书；把"2 折"设置为宋体、白色，这样可以更加突出，如图 4-87 所示。

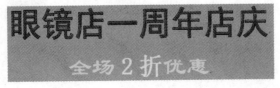

图 4-87　输入题头

子任务3 插入文本框作为白色背景

步骤1:在"插入"选项卡中单击"文本"功能组中的"文本框"下拉按钮,在"内置"中选择"简单文本框"选项,即在文档中插入一个简单文本框。然后拖动调整其大小,作为中间区域的背景。

步骤2:选中文本框,单击右键,在快捷菜单中选择 设置形状格式(O)... 命令,弹出"设置形状格式"对话框。在对话框中选择"线条颜色"→"无线条"选项,如图4-88所示。这样,就可以去掉文本框的边框。

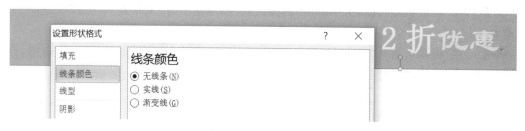

图4-88 设置形状格式

子任务4 将内容分为三栏,插入2个表格与1个文本框

步骤1:按下Enter键,生成多个空行。选中这多个空行,然后分为三栏,在这三栏中分别加入两个表格与一个文本框。

步骤2:在两个表格中输入镜片与镜架信息。

〖小提示〗

表格本身及表格中的内容都可以选择、复制、粘贴到新的位置。

步骤3:在文本框中输入优惠信息,最后效果如图4-89所示。

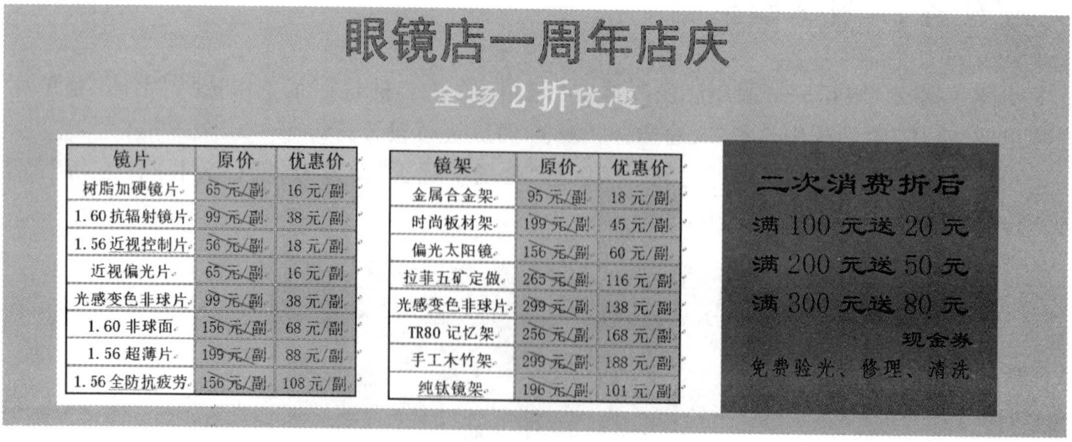

图4-89 加入两个表格与一个文本框

〖小提示〗

单击左上角的 按钮,可以撤销操作,还原到原来的编辑状态。

子任务5　插入形状并填充颜色

步骤1:在"插入"选项卡中单击"插图"功能组中的"形状"下拉按钮,选择"星与旗帜"中的 图标,在文本框中绘制出该图形。

步骤2:将图形拖动到指定位置后,单击右键,选择"设置形状格式",填充其颜色为黄色。

步骤3:单击右键,选择"其他布局选项",设置其为"衬于文字下方"。

设置后,效果如图4-90所示。

图4-90　插入形状并填充颜色

子任务6　插入文本框并输入地址与电话号码

步骤1:加入一文本框,在其中输入地址,换行后输入电话。

步骤2:选中两行文字,添加项目符号,如图4-91所示。

图4-91　输入地址与电话

子任务7　自绘制图形插入到宣传单中

步骤1:绘制出图形。

步骤2:将图形插入文档中,单击右键,选择"大小和位置"命令,在"布局"对话框中选择"文字环绕"选项卡,设置其"浮于文字上方"。

步骤3:在"页面布局"选项卡中单击"页面背景"功能组的"页面颜色"下拉按钮,在下拉列表中选择"其他颜色"命令,将图片的底色设置为宣传单文档的底色。

步骤4:将自绘制图形插入到文档的左上角,如图4-92所示。

图 4-92 自绘制图形插入到宣传单的左上角

任务五　毕业论文的排版与批注

【任务描述】

对一篇毕业论文进行修改校正、排版,加入页眉页脚、页码、目录及批注等。

【相关知识】

一、查找与替换

在"开始"选项卡中,选择"编辑"功能组,其中有"查找""替换""选择"功能。

单击"查找"下拉按钮,选择"高级查找"命令,弹出如图 4-93 所示的对话框。

例如,在"查找"选项卡中输入查找内容为"图象",转到"替换"选项卡,在"替换为"文本框内输入"图像"。然后可以选择一个一个地替换,也可以选择全部替换。

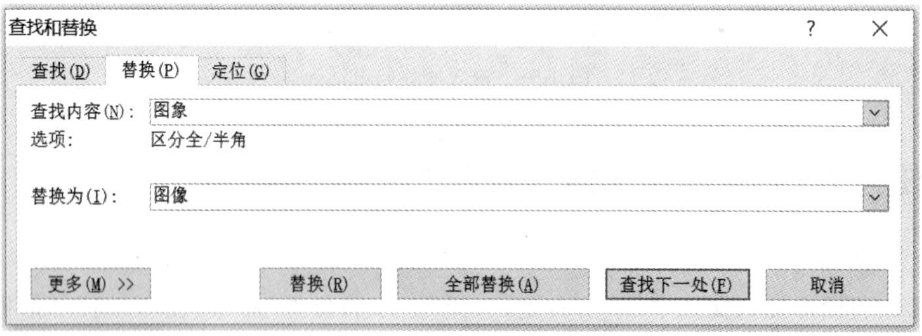

图 4-93 "查找和替换"对话框

二、字数统计

在"审阅"选项卡中,单击"校对"功能组中的 ![ABC123字数统计] 按钮,默认时统计整个文档的字符数、段落数、行数等,如图 4-94 所示。

图 4-94　字数统计

如果只统计某一部分字数,可以先选中再单击"字数统计"按钮。

三、加入批注

选中文档中某一部分内容,在"审阅"选项卡中单击"批注"功能组的 ![新建批注] 按钮,添加批注。如图 4-95 所示,给 JAVAWEB 添加批注栏,然后写上"JAVA 与 WEB 分开"作为批注。

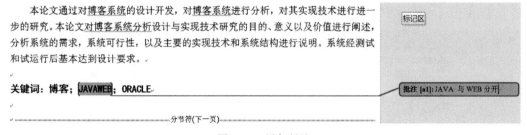

图 4-95　添加批注

单击 ![删除] 按钮可以删除批注,单击 ![上一条] 或 ![下一条] 按钮可以转到上一条或下一条批注。

三、加入页码

在"插入"选项卡中单击"插图"功能组的"页码"下拉按钮,弹出如图 4-96 所示的下拉列表。在下拉列表中选择相应的命令,可以在页面顶端或页面底端加入页码。

(1)单击 ![] 页边距(P) 按钮,可以把页码加入到(侧面)左右页边距内。

(2)单击"当前位置"按钮,可以把页码插入到当前位置。

(3)单击"设置页码格式"按钮,弹出如图 4-97 所示的"页码格式"对话框。设置编号格式、页码是否包含章节号、页码是否续前节、定义起始页码等。

图 4-96　"页码"下拉列表　　　　　　图 4-97　"页码格式"对话框

四、插入目录

在"引用"选项卡中单击"目录"功能组的"目录"下拉按钮,在下拉列表中选择"插入目录"命令,即可生成目录。如果原先已经有目录,可以选择"更新目录"选项,对目录进行更新。

生成的目录如图 4-98 所示。

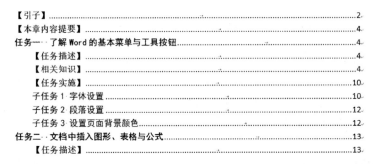

图 4-98　生成的目录

五、视图工具栏

单击"视图"选项卡,展开"视图"中的各个功能组,如图 4-99 所示。

图 4-99　"视图"中的功能组

文档视图与文档编辑时的显示形式有关。图 4-99 为文档选择"页面视图"状态(页面视图状态是最常见的编辑状态)。

如果单击"阅读版式视图"按钮,则显示结果如图 4-100 所示,主要是供阅读时使用。

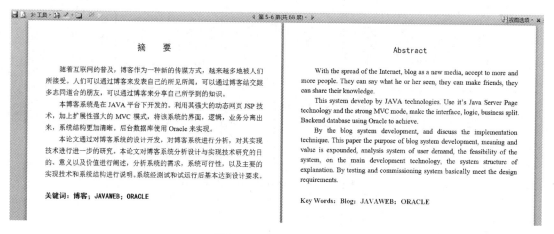

图 4-100　阅读版式视图

单击右上角的 视图选项 按钮,在下拉菜单中有"显示打印页"选项,单击它后展开打印效果,如图 4-101 所示;单击右上角的"关闭"按钮,可以返回到原来模式。

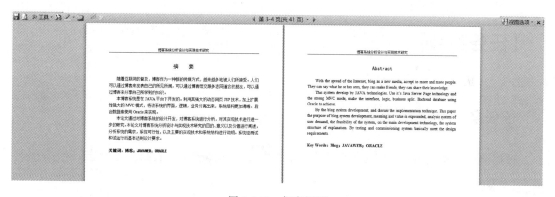

图 4-101　打印视图

文档的"Web 版式视图"没有页边距,也取消了一些格式。

使用该工具栏中的"标尺"与"网格线"可以给页面加上标尺与网格线,以便更加准确的判断输入位置;"显示比例"可以调整页面显示比例,有利于编辑。

如果把显示比例变小,如变为 15%,则可以显示出多个页面,即可观察打印效果,如图 4-102 所示。

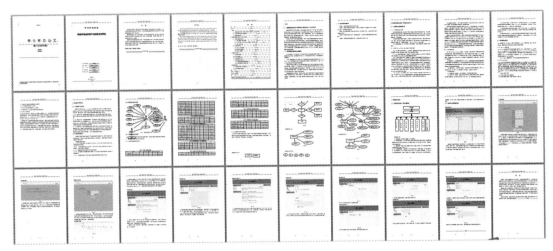

图 4-102　减小显示比例后的页面显示

六、打印

在正确连接打印机的情形下,切换到"文件"选项卡,在弹出的菜单中选择"打印"命令,进行设置后,打印。

【任务实施】

子任务 1　文档录入

根据前面介绍的方法,完成文字录入、图片插入、公式编辑、图表制作等操作。

〖小提示〗

在编辑过程中,要充分利用复制粘贴功能;记住使用字数统计功能、查找替换功能等。同时做好页面布局工作,包括字号字体、页边距、行间距、段间距、页眉页脚等。在文档录入过程中,要经常保存文档。

子任务 2　信息检索

在 Word 编辑界面,在线搜索需要的信息。

步骤 1:在"审阅"选项卡中单击"校对"功能组的"信息检索"按钮,在编辑文档右侧弹出"信息搜索"对话框。

步骤 2:在对话框中输入要查找的关键词,就可以在线查找,如图 4-103 所示。

图4-103 "信息检索"对话框

子任务3 图表制作

常规图表在前面已经简单介绍，这里介绍流程图的制作。

方法1：使用"插入"→"插图"→"形状"命令制作流程图（功能结构图）之类的图形，如图4-104所示。

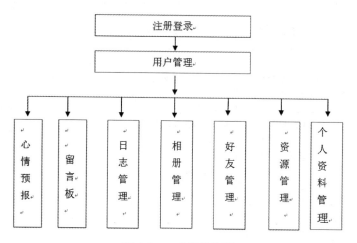

图4-104 功能结构图

方法2：使用"插入"→"插图"→"形状"命令制作流程图（关系图）之类的图形，如图4-105

所示。

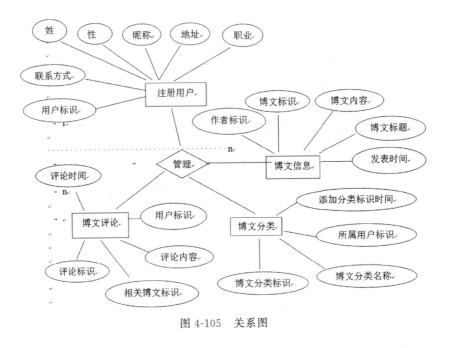

图 4-105 关系图

子任务 4　目录生成

步骤 1：各章节按要求设置好各级标题。
步骤 2：在"引用"选项卡中单击"目录"功能组的"目录"按钮,则生成目录如图 4-106 所示。

目　　录

```
摘　要 .................................................................................................................. II
Abstract ............................................................................................................... III
1 绪论 ..................................................................................................................... 1
    1.1 博客系统分析设计与实现技术研究的目的、意义与价值 ................. 1
    1.2 目前研究的概况和发展趋势 .................................................................. 1
    1.3 本文的组织安排 ....................................................................................... 2
2 系统开发理论依据与开发环境简介 ............................................................... 3
    2.1 系统开发的理论依据 .............................................................................. 3
        2.1.1 C/S 模式与 B/S 模式 ...................................................................... 3
        2.1.2 使用 Servlet 和 JavaBean 实现 MVC 开发模式 ......................... 3
        2.1.3 JSP 技术介绍 .................................................................................. 4
    2.2 系统开发环境 ........................................................................................... 5
        2.2.1 Eclipse 开发工具 ............................................................................ 5
        2.2.2 Tomcat 服务器 ................................................................................ 5
        2.2.3 Oracle 数据库 .................................................................................. 6
3 系统分析与设计 ................................................................................................. 7
    3.1 系统可行性分析 ....................................................................................... 7
```

图 4-106 一个毕业设计的目录（截取）

🔊〖小提示〗

自动生成合格的目录,要求各个章节必须正确设置了各级标题。

子任务 5　插入封面

步骤 1:在"插入"选项卡中单击"页"功能组中的"封面"下拉按钮 ,在展开的下拉列表中,选择一种风格的封面,确认后便加入到文档的最前面,如图 4-107 所示。

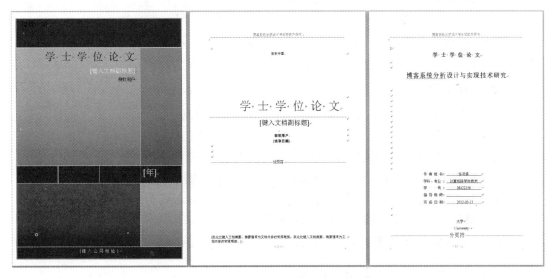

图 4-107　加入两种不同风格的封面

步骤 2:在图 4-107 中,最右边的是原来文档的封面;左边两个是两次加入的两个不同风格的封面,可以在此基础上继续修改、添加、完善。

一、选择题

1. 将 Word 文档中的一部分内容复制到别处,首先要进行的操作是_____。
   A. 复制　　　　B. 选定　　　　C. 粘贴　　　　D. 剪切
2. Word 的文档字体设置中不包括_____设置。
   A. 字体　　　　B. 页码　　　　C. 字号　　　　D. 文字的颜色
3. 设置行间距在"开始"选项卡中的_____功能组中。
   A. 字体　　　　B. 段落　　　　C. 样式　　　　D. 编辑
4. 下面这些功能不在"插入"选项卡中的是_____。
   A. 插入图片　　B. 插入艺术字　C. 插入页眉　　D. 插入水印
5. 字数统计在_____选项卡中。

A. 开始　　　　　B. 插入　　　　　C. 页面布局　　　　　D. 审阅

二、填空题

1. "边框和底纹"对话框中从左到右的第 3 个选项卡是_____，使用该选项卡可以设置整个表格的底色，也可以设置某些单元格的底色。

2. 在文本框内，除了可以书写文字，还可以插入_____、_____、_____等。

3. 在文档中插入图片后，可以对其环绕方式进行设置，环绕方式有_____、_____、_____、_____等。

4. 在"页面布局"选项卡中的"页面设置"功能组中，有_____、_____、_____、_____、_____等命令。

5. 在"插入"选项卡中，单击"文本"功能组中的 对象 按钮，可以弹出"对象"对话框，在"对象类型"列表框中选择_____命令，便可以输入数学公式。

三、上机操作题

1. 按以下要求建立一个 Word 文档，对文档进行编辑和排版。

(1) 文字要求，不少于 200 个汉字；至少 3 个自然段，内容不限。

(2) 将文章正文各段字体设置为楷体、四号；两端对齐、各段行间距为 1.5 倍行距。

(3) 第一段首字下沉 2 行，距正文 0 cm；将最后一段设置为浅绿色底纹。

(4) 在正文中插入一幅剪贴画或者图片，设置剪贴画或图片版式为"浮于文字上方"。

(5) 设置页码，底端居中；设置页眉，内容为"Word 练习"，宋体、六号字、居中。

2. 按照下面给出的格式进行录入与排版。

即：如果动力系统（1）是混沌的，那么，该动力系统的二周期点不能同时满足 $|a_1|+|c_1|<1, |b_1|+|d_1|<1$。

继续迭代，每一次都展开整理后得到下面所示行列式：

$$a_2 = \begin{vmatrix} a_1 & c_1 \\ -f'_y(x_2, y_2) & f'_x(x_2, y_2) \end{vmatrix},$$

$$b_2 = \begin{vmatrix} b_1 & d_1 \\ -f'_y(x_2, y_2) & f'_x(x_2, y_2) \end{vmatrix},$$

$$c_2 = \begin{vmatrix} a_1 & c_1 \\ -g'_y(x_2, y_2) & g'_x(x_2, y_2) \end{vmatrix}$$

$$d_2 = \begin{vmatrix} b_1 & d_1 \\ -g'_y(x_2, y_2) & g'_x(x_2, y_2) \end{vmatrix}$$

能够得到结论：三周期点处不能同时满足下面条件，

$$|a_2|+|c_2|<1, |b_2|+|d_2|<1, \ldots,$$

因为是递推关系，所以计算起来方便。……下面表中是 Lyapunov 指数与行列式值：

	系统一	系统二	系统三
Lyapunov 指数	1.02375	2.32653	0.98742
行列式值	1.2235	1.9867	0.7847

(1)双栏排版;表格通栏。

(2)正文字体楷体,字号五号,行间距为 1.5 倍行距;表格内字号小五号。

(3)使用"对象"对话框中的"Microsoft 公式 3.0"编辑公式(字母、行列式等都是公式)。

(4)表格的栏线,从上数第 1、2、4 条线设置为紫色、1 磅;第一行底纹(色)设置为浅紫色;表格中数据左对齐;垂直方向居中。

(5)上、下、左、右的页边距都设置为 1 cm,然后打印出来。

3.从键盘录入一篇文章,分段后设置出三级标题,插入页眉页脚,然后生成目录,插入封面。

项目五　Excel 2010 电子表格操作

【引子】

微软的 Excel 2010 是一款功能强大、灵活高效的电子表格制作软件。它与 Word 2010、PowerPoint 2010、Access 2010 等组件一起构成了 Office 2010 办公软件的完整体系。对于从事会计、统计、财务、金融及贸易领域的工作人员来说,既方便又实用。Excel 2010 不仅可以轻松解决繁琐的数据计算,还可以把大批量的数据变成漂亮的图表、图形等多种形式,生动形象地显示处理结果。Excel 被专业人士认为是 Office 中最成功的办公自动化软件之一。

为了叙述方便,本书中将 Excel 2010 简称为 Excel。

【本章内容提要】

- Excel 基本操作
- 格式化工作表
- 数据的处理与分析
- 打印设置
- 知识拓展

任务一　创建学生综合成绩表——Excel 2010 基本操作

【任务描述】

通过创建学生成绩表,掌握如何建立、保存、打开、关闭工作簿及工作表,同时掌握在工作表中输入与处理数据等操作。

【相关知识】

一、Excel 的启动与退出

1. 启动

方法 1：从开始菜单启动。

（1）单击任务栏上的"开始"按钮。

（2）将鼠标指针移动到"程序"选项，将"程序"子菜单打开。

（3）选择"Microsoft Office"子菜单中的"Microsoft Excel 2010"选项即可启动 Excel，如图 5-1 所示。

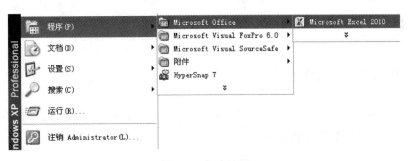

图 5-1　启动界面

方法 2：从桌面启动。

双击桌面上的 Excel 快捷图标，即可启动（如果桌面上没有 Excel 快捷图标，应先创建该图标）。这是最为快捷和简单的启动方式。

方法 3：文档驱动。

在"我的电脑"或者"资源管理器"中（XP 系统），双击工作簿文件（扩展名为.xlsx）的图标，即可启动 Excel 2010 中文版，并将工作簿文件打开。

2. 退出

方法 1：单击 Excel 标题栏右上角的"×"（关闭）按钮。

方法 2：在"文件"选项卡中选择"退出"命令。

方法 3：双击标题栏左上角的控制菜单图标。

方法 4：按 Alt＋F4 组合键。

当然，如果文件已被修改，但还没保存，Excel 会显示一个对话框，提示用户是否保存文件，如图 5-2 所示。

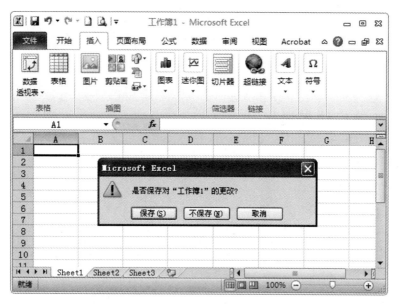

图 5-2 退出提示

二、认识 Excel 工作窗口

用户用文档驱动方法启动 Excel 以后,屏幕上出现 Excel 的工作窗口,并且有一张开启的空白工作表。Excel 的工作界面如图 5-3 所示。

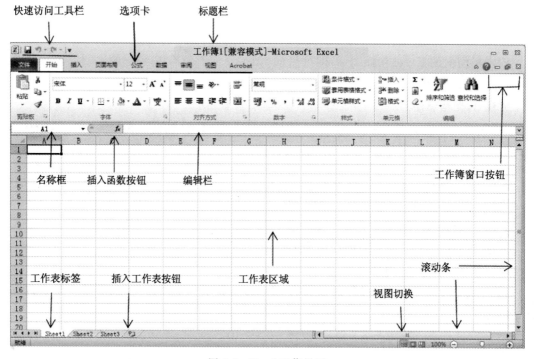

图 5-3 Excel 工作界面

1. 标题栏

窗口的最上端是标题栏,主要显示的是程序名和当前打开的文件名,如果当前文档是低版本(Excel 2003 或之前版本),系统将在文件名之后以方括号注明,提示当前文档以[兼容模式]打开。在标题栏的最左端是 Excel 窗口的控制图标,单击该图标就出现有关控制 Excel 窗口的下拉菜单,可以对窗口进行还原、移动、改变大小、最小化、最大化和关闭操作;双击该图标可以直接关闭 Excel 窗口。在标题栏的右端是 Excel 最小化、最大化(还原)、关闭窗口的控制按钮。

〖小提示〗

以[兼容模式]打开的文档,将无法使用 Excel 2010 的整套功能。

2. 快速访问工具栏

快速访问工具栏放置一些常用的快捷命令,默认有保存、撤销、恢复等。其默认位置位于 Excel 窗口的左上方。若改变其默认位置或添加其他命令项,单击"快速访问工具栏"右侧的下拉按钮即可设置。

3. 选项卡

标题栏下方即为选项卡,共包括文件、开始、插入、页面布局、公式、数据、审阅、视图、Acrobat 等 9 个选项。

4. 名称框

用于显示光标所在单元格的坐标,如 A1 单元格。

5. 编辑栏

Excel 的编辑栏在 Excel 中可以显示,也可以不显示。选择"视图"→"显示"组中的"编辑栏"选项,就可以在显示和不显示之间进行切换。在编辑栏的左边是 Excel 单元格的名称框,在名称框中显示当前单元格的名字,紧靠在名称框右边的 3 个按钮分别是取消、输入、插入函数,它们在向单元格中输入、编辑数据时显示。编辑栏的右边是编辑区(或称为公式栏区),在这里显示当前单元格的内容,可以直接对当前单元格进行输入和编辑。

6. 工作表

工作表(Sheet)为 Excel 窗口的主体,由单元格组成,每个单元格由行号和列号来定位,其中行号位于工作表的左端,从上至下按数字编码,依次为 1,2,3,…,1048576,共 1 048 576 行(2^{20});列号位于工作表的上端,从左至右按字母编码,依次为 A,B,…,AA,…,XFD,共 16 384 列(2^{14})。

7. 工作表标签

工作表标签位于工作簿文档窗口的左下底部,初始为 Sheet1、Sheet2、Sheet3,代表工作表的名称,用鼠标单击标签名可切换到相应的工作表中。右键单击某个工作表,会出现快捷菜单,可插入新的工作表、删除工作表、重命名工作表等。

8. 滚动条

滚动条分水平滚动条和垂直滚动条,分别位于工作表的右下方和右侧。当工作表内容在屏幕上显示不下时,可通过滚动条使工作表作水平或者垂直滚动。

二、认识 Excel 工作簿、工作表和单元格

1. 工作簿

工作簿是 Excel 存储在磁盘上的最小独立单位,也就是通常意义上的 Excel 文件。Excel2010 的扩展名为.xlsx,可以兼容 Excel 97-2003 文件格式。工作簿在默认的情况下由 3 个工作表(Sheet)组成。每一个工作簿最多可由上万张工作表组成,它所包含的工作表以标签的形式排列在状态栏的上方。

2. 工作表(Sheet)

工作表是工作簿的一页,它由单元格组成,主要用来存储数据信息,是 Excel 完成一个完整作业的基本单位。工作表通过工作表标签来标志,用户可以通过单击工作表标签使之成为当前活动工作表。

3. 单元格

单元格是 Excel 工作表的基本元素,是独立操作的最小单位。每个单元格以它所在的列、行标志共同组成地址名字,如 D4 单元格,就是第 D 列和第 4 行相交处的单元格。在 Excel 中,输入的数据都将保存在这些单元格中,这些数据可以是一个字符串、一组数字、一个日期、一个公式等。

由于一个工作簿文件可能会有多个工作表,为了区分不同工作表的单元格,要在地址前面增加工作表名称,如"Sheet3! A3",即该单元格是 Sheet3 工作表中的 A3 单元格。

〖小提示〗

工作表名与单元格之间必须使用"!"号来分隔。

当前活动单元格,是指正在使用的单元格,在其外有一个黑色的方框,这时输入的数据会保存在该单元格中;当前活动单元格的右下角有一个黑色的填充柄,如图 5-4 所示。

图 5-4 填充柄

4. 单元格区域

单元格区域是指一组被选中的单元格,对单元格区域的操作就是对该区域内的所有单元

格的操作。可以给单元格区域起个名字,即单元格区域的命名,它显示在地址栏中。

5. 行号和列号

行号用数字表示,列号用英文大写字母表示,如 A5 表示第 5 行第 1 列。

【任务实施】

子任务 1　创建、保存和打开工作簿

步骤 1:创建工作簿。启动 Excel,系统自动创建一个空白工作簿。

〖小提示〗

在 Excel 工作界面中,要新建工作簿,有以下几种方法:
方法 1:在启动 Excel 后,将会自动新建一个工作簿。
方法 2:在"文件"选项卡中选择"新建"命令,在"新建"对话框中创建工作簿。
步骤 2:保存工作簿。在进行 Excel 2010 电子表格处理时,随时保存非常重要,保存方法如下。
方法 1:单击"文件"选项卡中的"保存"命令。
方法 2:单击标题栏左侧"快速访问工具栏"中"保存"按钮。
方法 3:按 Ctrl+S 快捷键保存文件。
方法 4:更改文件名或路径时需要另存文件,单击"文件"选项卡中的"另存为"命令。

当出现"另存为"对话框时,在"保存位置"下拉列表中选择存放文件的驱动器和目录,此处选择"我的文档",在"文件名"文本框中输入"学生成绩表.xlsx",最后单击"保存"按钮即可,如图 5-5 所示。

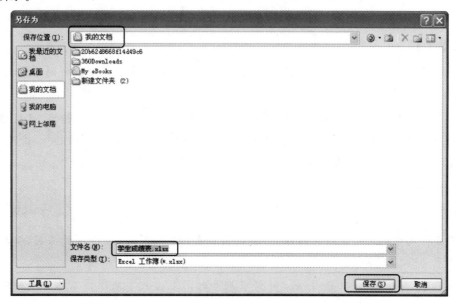

图 5-5　"另存为"对话框

步骤3：关闭工作簿。单击"学生成绩表.xlsx"工作簿窗口右上角的"关闭"按钮或单击"文件"按钮展开列表中的"退出"，均可退出Excel工作簿。

🔊〖小提示〗

对原来已经保存过的工作簿再次进行修改，在退出时，会出现提示信息，提示用户进行保存。

对于新建的工作簿，在第一次保存时，"保存"和"另存为"功能完全相同，它们都将打开"另存为"对话框；对于之前已经被保存过的工作簿，再次执行保存操作时，这两个命令将有以下区别。

(1)"保存"命令不会打开"另存为"对话框，而是直接将编辑修改后的内容保存到当前工作簿，工作簿的文件名、存放路径均不发生改变。

(2)"另存为"命令将会打开"另存为"对话框，允许用户重新设置存放路径、命名和其他保存选项，以得到当前工作簿的一个副本。

子任务2　输入数据

步骤1：打开"学生成绩表"工作簿，单击"Sheet1"工作表中的A1单元格，输入标题"外语成绩"，按Enter(回车)键(或者单击编辑栏上的"输入"按钮✓)确认。

步骤2：选择第2行，依次输入表头内容，如图5-6所示。这是文本数据的输入方式。

	A	B	C	D	E	F
1	外语成绩					
2	学号	姓名	性别	平时成绩	考试成绩	总成绩
3						

图5-6　输入"文本"数据

🔊〖小提示〗

若要将单元格中的文本内容分成两行显示，可先将插入点定位在要换行的内容之前，然后按Alt+Enter组合键。

当然也可以在"开始"选项卡中单击"对齐方式"组中的"自动换行"按钮📄，只将超出单元格宽度的文本自动换行(此方法只有当文本超出单元格宽度时才换行)。

步骤3：单击"学号"列中的A3单元格，首先输入西文单引号"'"，然后输入数据"20161201"，如图5-7(a)所示。

🔊〖小提示〗

1.在数字表示的文本型数据输入时，需要前面加撇"'"，或者，在输入数据前，将此单元格的格式设置为"文本"类型。

2.输入"日期和时间"数据时，Excel将日期和时间当为数字处理。工作表中的时间或日期的显示方式，与数字的显示方式相同。在Excel中，时间和日期可以相减，并可以包含到其他运算当中。如果要在公式中使用日期和时间,可以用带引号的文本形式输入日期或时间值。如图 5-7 所示,在单元格 B4 中输入 ="99-6-12"—"99-3-10",结果显示为 94。

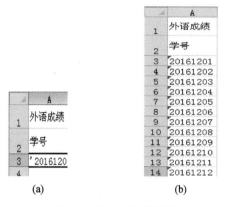

图 5-7　输入文本型数据

(1)日期型数据的常用格式:"年/月/日"或"年-月-日"。

(2)插入当前系统日期:按 Ctrl+;(分号)组合键。

(3)插入当前系统时间:按 Ctrl+Shift+;(分号)组合键。

3.输入"逻辑型"数据时,可以直接输入逻辑值 TRUE(真)或 FALSE(假)。数据之间进行比较运算时,Excel 判断之后在单元格中自动产生运算结果 TRUE 或 FALSE。例如,在 A1 中输入"=7>3",回车后,A1 中显示"TRUE"。

4.批注信息输入。选定某单元格,单击"审阅"选项卡中的"新建批注"按钮,在系统弹出的批注编辑框中输入批注信息,然后单击编辑框外某一点表示确定。一旦单元格中存有批注信息,其右上角会出现一个红色的三角形标记,当鼠标指针指向该单元格时就会显示这些批注信息。

步骤 4:单击 A3 单元格右下方的填充柄,当鼠标指针变为"黑十字"时,按住鼠标左键向下拖动填充柄,直到拖至目标单元格时释放鼠标,系统就会自动以升序填充单元格,如图 5-7(b)所示。

〖小提示〗

1.用户也可以将填充柄向上、向下、向左、向右拖动,为相邻单元格或单元格区域做快速填充。方法是在"开始"选项卡中单击"编辑"功能组的"填充"下拉按钮。

按住 Ctrl 键的同时,拖动右下角填充柄,这时会出现"自动填充选项",在填充时,可以通过设置自动填充项,来设置填充内容。共有 4 种选项,如图 5-8(a)所示。可根据实际情况来选择和设置。若要按递增 1(或递减 1)填充数值型数据时,在"开始"选项卡中单击"编辑"功能组的"填充"下拉按钮,选择"系列"选项,弹出如图 5-8(b)所示的对话框。

比如,若要在 G1:G4 中填充等比序列:2,4,8,16。操作过程如下:

首先,在 G1 中输入 2,然后选中 G1:G4,在"填充"下拉列表中选择"系列…"命令,在弹出的"序列"对话框中选择"等比序列"复选框,将步长值设置为 2,单击"确定"按钮即可。这样就可以快速输入一些按照某规律变化的数字序列了,如一月、二月、三月……,星期一、星期二、星期三……

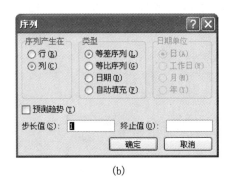

(a)   (b)

图 5-8 "自动填充项和序列"对话框

Excel 2010 中已经预定义了一些常用的数据序列。当然,用户也可以按照自己的需要添加新的序列。在"文件"选项卡中选择"选项"命令,在弹出的"Excel 选项"对话框中选择"高级"命令(见 5-9(a)),在"高级"的子菜单项中单击"常规"栏中最下面的"编辑自定义列表…"按钮,出现如图 5-9(b)所示对话框。

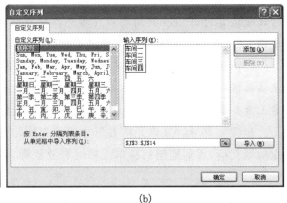

(a)   (b)

图 5-9 设置"自定义序列"

例如,要自定义序列:车间一,车间二,车间三,车间四。首先在"自定义序列"对话框中,单击"新序列",然后在"输入序列"中分别输入"车间一"回车,"车间二"回车,…全部输入完毕,单击"添加"→"确定"即可完成自定义序列的设置。返回工作表,在第一个单元格中输入自定义序列中的第一个选项,然后拖动单元格右下角的填充柄,至目标位置后放开鼠标,即可完成填充。

步骤 5:在"姓名"和"性别"两列中输入文本数据;在"平时成绩"和"考试成绩"中输入数值数据,最后的结果如图 5-10 所示。

图 5-10 学生成绩表

〖小提示〗

1. 若要删除单元格的内容,先选定此单元格,然后按 Delete 键。
2. 在工作表中,通过键盘快速移动单元格指针,可参考表 5-1 中的按键。

表 5-1　单元格指针移动方向

方　向	按　键
从上到下	Enter　　（或↓）
从下到上	Shift＋Enter　（或↑）
从左到右	Tab　　（或→）
从右到左	Shift＋Tab　（或←）

子任务 3　使用公式计算每个学生的总成绩

总成绩＝平时成绩×30％＋考试成绩×70％

步骤 1:单击要输入公式的单元格 F3,然后输入"＝"等号(表明后面输入的是公式),再输入公式 D3＊0.3＋E3＊0.7,最后按 Enter 键或者单击编辑栏上的输入按钮√,即可得到第一个学生的总成绩,如图 5-11 所示。

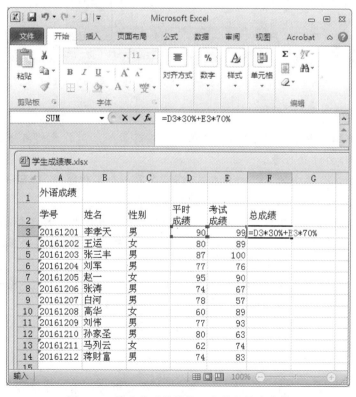

图 5-11　输入公式计算第一个学生的总成绩

步骤 2:将鼠标移到含有公式的单元格右下角填充柄处,当鼠标变为黑十字时,按住鼠标左键向下拖动填充柄,直到拖至目标单元格时放开鼠标,Excel 自动将求和公式复制到同列的其他单元格中,计算出其他学生的总成绩,如图 5-12 所示。

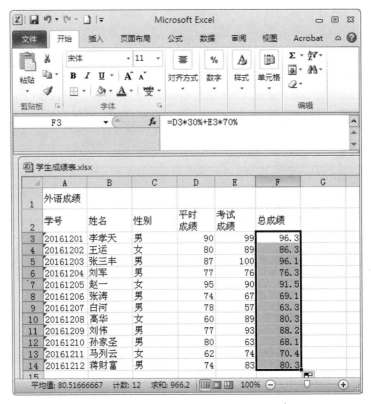

图 5-12　利用填充柄复制公式计算出其余学生的总成绩

〖小提示〗

若要引用其他工作表中的单元格,需要在单元格前面加上工作表的名字,并以!(半角符号的状态下输入)作为连接符号。

①引用同一个工作簿中的其他工作表。例如,在同一个工作簿中,在 Sheet2 的 D2 单元格中输入公式"=Sheet1！A2+B5+Sheet3！C9"。

②引用不同工作簿中的工作表。需要在单元格名字前面加上工作簿路径、工作簿的名称和工作表名称,并用单引用"'"加以引用,文件名本身(不包括路径名)需要用方括号"[ ]"括起来,另外还需要用"!"来连接单元格名字。

例如,公式"='D:\学生成绩[book1.xlsx]Sheet1'!A1+Sheet2!B3+Sheet3!C5"表示将位于 D 盘"学生成绩"目录下的 Book1.xlsx 工作簿文件中的 Sheet1 工作表中的 A1 单元格、当前工作簿中 Sheet2 工作表的 B3 单元格、当前工作簿中的 Sheet3 工作表中的 C5 单元格中的数据进行相加求和。

注意：

若被引用的工作簿 Book1.xlsx 已经打开,则在公式中可以省略工作簿文件的路径部分,直接使用"='[Book1.xlsx]Sheet1'!A1+Sheet2!B3+Sheet3!C5"。

子任务 4 生成学生综合成绩表——工作表的增加、删除、移动和重命名

步骤1：将"学生成绩表.xlsx"工作簿中的"Sheet1"工作表重命名为"外语成绩表"。双击 Sheet1 工作表的标签，当工作表标签出现黑底白字时，输入新的工作表名称"外语成绩表"，按 Enter 键确认，如图 5-13 所示。

图 5-13 工作表的重命名

〖小提示〗

重命名也可以通过右击"Sheet1"，在出现的快捷菜单中，选择"重命名"命令实现。

步骤2：删除 Sheet2 和 Sheet3 工作表。

单击"Sheet2"，按住 Ctrl，再单击"Sheet3"，将两个工作表同时选中，单击鼠标右键，在出现的快捷菜单中，选择"删除"菜单项。当然也可以在选中 Sheet2 和 Sheet3 的前提下，在"开始"选项卡中单击"单元格"功能组的"删除"下拉按钮，在下拉列表中选择"删除工作表"命令。

步骤3：在"外语成绩表"工作表前插入学生综合成绩表。

右击"外语成绩表"标签，在出现的快捷菜单中，选择"插入"菜单项，在弹出的"插入"对话框中单击"工作表"按钮，最后确定即可。当然，也可以利用"开始"→"单元格"→"插入"→"插入工作表"命令来实现。

〖小提示〗

在当前工作表后面插入新的工作表，速度最快的是单击 图标；在当前工作表前面插入新的工作表，可按 Shift+F11 组合键。

步骤4：选择新工作表标签，单击鼠标右键，从快捷菜单中选择"重命名"，输入"学生综合成绩表"。

步骤5：将"大学语文.xlsx"工作簿中的"大学语文成绩表"工作表，复制到"学生成绩表.xlsx"工作簿中的"外语成绩表"工作表之前。

①分别打开"大学语文.xlsx"工作簿和"学生成绩表.xlsx"工作簿，选中"大学语文成绩表"工作表标签。

②在"开始"选项卡中单击"单元格"功能组的"格式"下拉按钮，在下拉列表中选择"组织工作表"选项中的"移动或复制工作表"命令，如图 5-14(a)所示。

③打开"移动或复制工作表"对话框，如图 5-14(b)所示，选择目标工作簿，此处我们选择"学生成绩表.xlsx"。

④在"下列选定工作表之前"列表中设置工作表移动的目标位置，此处选择"外语成绩表"。

⑤选中"建立副本"复选框,即可在两个工作簿之间复制工作表,复制的结果如图 5-14(c)所示。

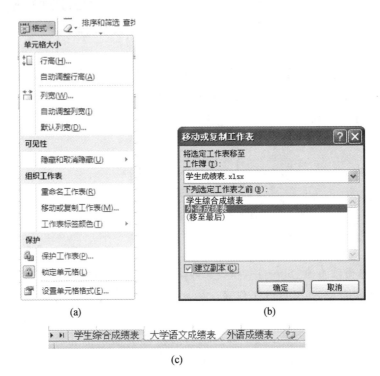

图 5-14 复制工作表

步骤 6:将"学生综合成绩表"工作表移动到"外语成绩表"工作表之后。

单击选中"学生综合成绩表"工作表(使其为当前工作表),按住鼠标左键拖动该工作表标签到"外语成绩表"工作表之后,放开即可。

〖小提示〗

在两个工作簿之间移动工作表,方法同步骤 5,只是在打开的"移动或复制工作表"对话框中取消"建立副本"复选框。

子任务 5 将"外语成绩表"中的数据复制到"学生综合成绩表"中——单元格数据的移动、复制和粘贴

步骤 1:选定"外语成绩表"工作表,选择 A2:C16 单元格区域。

〖小提示〗

1. 若要选择一个单元格区域,可按照以下方法操作。

(1)单击该区域中的第一个单元格,然后按住鼠标左键,拖至最后一个单元格。

(2)选择该区域中的第一个单元格,按住 Shift 键的同时,按方向键"↑、↓、→、←"以扩展选定区域。

(3)选择该区域中的第一个单元格,然后按 F8 键,再使用方向键扩展选定区域。要停止扩展选定区域,可再次按 F8 键。

2.若选择不相邻的单元格区域,可先选择第一个单元格或单元格区域,然后再按住 Ctrl 键的同时选择其他单元格区域。

步骤 2:在"开始"选项卡的"剪贴板"功能组中,单击"复制"按钮或按 Ctrl+C 快捷键,如图 5-15(a)所示。

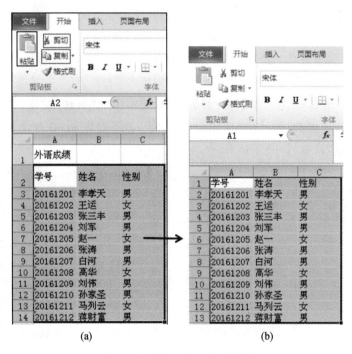

图 5-15　复制工作表中的数据

🔊〖小提示〗

单击"剪切"按钮或按 Ctrl+X 快捷键可进行数据的移动。在操作过程中,如果想取消操作,按 Esc 键可取消选择区域的虚线框。

步骤 3:切换到"学生综合成绩表"工作表,选择 A1 单元格。

步骤 4:在"剪贴板"组中单击"粘贴"按钮,或按 Ctrl+V 快捷键,即可将选定的单元格数据复制到目标单元格,如图 5-15(b)所示。

🔊〖小提示〗

可以通过鼠标拖动法来移动或复制单元格内容。要移动单元格内容,应首先单击要移动的单元格或选定单元格区域,然后将光标移至单元格区域边缘,当光标变为箭头形状后,拖动光标到指定位置,释放鼠标即可。要复制单元格内容,在拖动的同时,按住 Ctrl 键。

步骤 5:在"外语成绩表"中,选择"总成绩"列的 F3:F14 区域,单击"复制"按钮,切换到"学生综合成绩表"工作表,单击 D2 单元格。

步骤 6:在"开始"菜单中的"剪贴板"功能组中,单击"粘贴"下方的下拉按钮,在展开的列表项中单击"粘贴值"命令,即可把"总评成绩"列的数据区域复制到目标位置 D2:D13。

〖小提示〗

对于包含公式的单元格来说,通常具有"公式"和"值"两种属性。在复制单元格时,不能采用步骤 4 的方法直接粘贴,可使用"选择性粘贴"的方法。

如果还想复制"总成绩"列数据区域的格式,可以选择"选择性粘贴"命令,打开"选择性粘贴"对话框,选中"格式"单选选项。

步骤 7:将"大学英语成绩表"中的成绩,复制到"学生综合成绩表"工作表中。

步骤 8:在学生综合成绩表中,单击 D1,E1,F1,G1,H1,I1 单元格,分别输入列标题"大学英语""大学语文""高等数学""总分""平均分""名次"。

步骤 9:将"大学英语"一列,移到"高等数学"列后。

选择 D 列,在"开始"选项卡中单击"剪贴板"功能组中的"剪切"按钮;然后选定 G 列单元格,在"开始"选项卡中单击"单元格"功能组中的"插入"下拉按钮,在弹出的下拉列表中选择"插入剪切的单元格"命令,如图 5-16 所示。

	A	B	C	D	E	F	G	H	I
1	学号	姓名	性别	大学语文	高等数学	大学英语	总分	平均分	名次
2	20161201	李孝天	男	89	66	96.3	96.3		
3	20161202	王运	女	77	70	86.3	86.3		
4	20161203	张三丰	男	64	86	96.1	96.1		
5	20161204	刘军	男	57	85	76.3	76.3		
6	20161205	赵一	女	98	44	91.5	91.5		
7	20161206	张涛	男	75	58	69.1	69.1		
8	20161207	白河	男	58	97	63.3	63.3		
9	20161208	高华	女	98	93	80.3	80.3		
10	20161209	刘伟	男	70	57	88.2	88.2		
11	20161210	孙家圣	男	73	98	68.1	68.1		
12	20161211	马列云	女	93	75	70.4	70.4		
13	20161212	蒋财富	男	96	54	80.3	80.3		

(a)　　　　　　　　　　　　　　(b)

图 5-16　整列单元格的移动

〖小提示〗

要实现单元格整列数据的移动还可以执行以下操作:

选择数据来源列,将鼠标指针移至选定区域的边框,当鼠标指针变为十字花形状后,按住 Shift 键的同时,拖动该区域到目标位置后,先释放鼠标再放开 Shift 键。

子任务 6　使用函数计算总分、平均分及排名

步骤 1:单击 G2 单元格,然后单击编辑栏上的"插入函数"按钮"fx",如图 5-17 所示。

步骤 2:打开"插入函数"对话框,选择"常用函数"中的 SUM 函数,如图 5-17 所示。单击"确定"按钮,打开"函数参数"对话框,如图 5-18 所示。

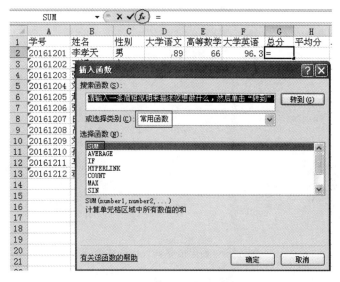

图 5-17 "插入函数"对话框

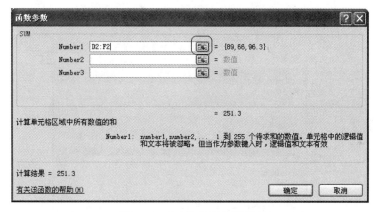

图 5-18 "函数参数"对话框

步骤3：单击D2单元格，按住鼠标的左键拖动到F2单元格，将单元格中的数据设为函数的参数，然后单击 按钮，返回"函数参数"对话框，单击"确定"按钮，即可计算出第一个学生的总成绩，如图5-19所示。

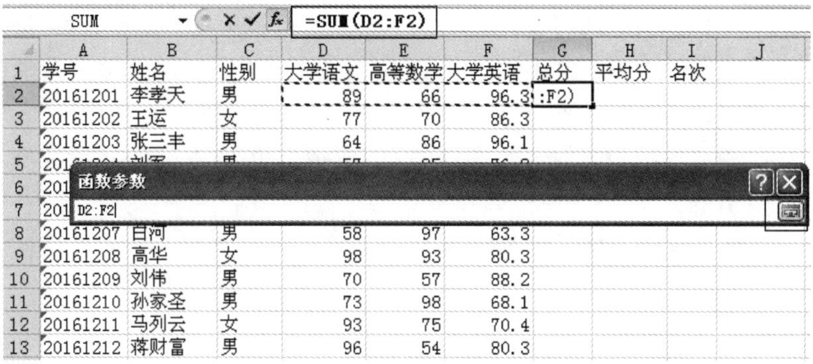

图 5-19 利用SUM函数计算总分

步骤 4：拖动 G2 单元格的填充柄到单元格 G10，计算出其他学生的总成绩，如图 5-20 所示。

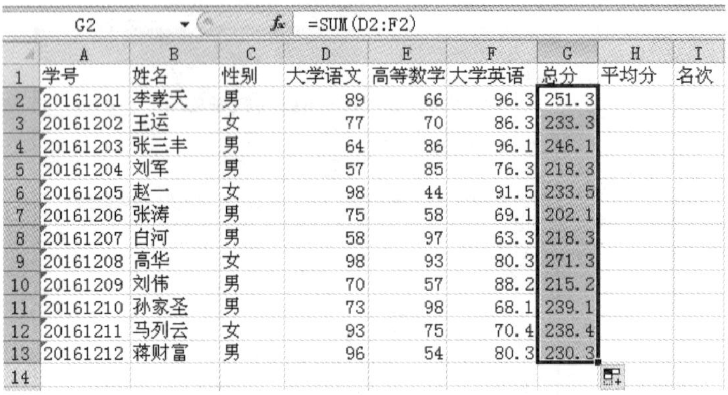

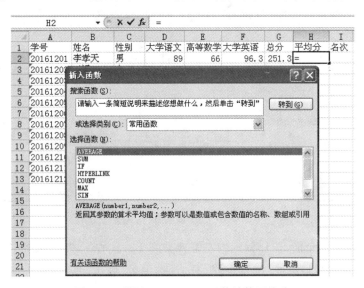

图 5-20　利用填充柄快速计算总分

步骤 5：单击 H2 单元格，采用步骤 1～4 的方法，只是在打开"插入函数"对话框中，选择"常用函数"中的 AVERAGE 函数，如图 5-21 所示，计算出学生的平均成绩。

图 5-21　利用 AVERAGE 函数计算平均分

步骤 6：单击"名次"列中的单元格 I12，然后单击编辑栏上的"插入函数"按钮"fx"，打开"插入函数"对话框，选择"全部"类别中的"RANK"函数（此类别里的全部函数是按照字母表中字母的先后顺序排列的，选中函数，下方有该函数的语法使用说明），如图 5-22(a)所示，单击"确定"按钮，打开"函数参数"对话框，如图 5-22(b)所示。单击"Number"参数框后的 按钮，打开"函数参数"对话框。

项目五　Excel 2010 电子表格操作　153

图 5-22　选择 RANK 函数

〖小提示〗

RANK 函数是排定名次的函数,用于返回一个数值在一组数值中的排序,排序时不改变该数值原来的位置。

语法格式为:RANK(Number,ref,order)

3 个参数的含义如下:

Number 为需要找到排位的数字;

ref 为数字列表数组,或对数字列表的引用,ref 中的非数值型参数将被忽略。

order 为一数字,指明排位的方式。如果 order 为 0 或省略,按照降序排列;如果 order 不为 0,按照升序排列。

步骤 7:在工作表中选择要进行排位的单元格 G2,然后单击 按钮展开"函数参数"对话框,单击"ref"参数框后的 按钮,如图 5-23 所示,然后在工作表中选择要进行排位的单元格区域 G2:G13。

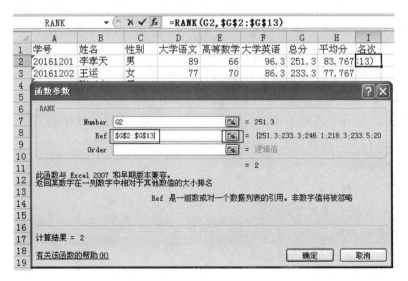

图 5-23　RANK 参数的设置

步骤8:单击 按钮,展开"函数参数"对话框,然后在引用的单元格区域的行号和列标前输入$(表示单元格地址的绝对引用,这样保证了在利用填充柄拖动复制公式时,公式内容不变,返回正确的排名顺序),如图5-23所示。

步骤9:单击"确定"按钮,计算出第一个学生按总分排名的名次,拖动I2单元格的"填充柄"到单元格I13,计算出其他学生的名次。结果如图5-24所示。

	A	B	C	D	E	F	G	H	I
1	学号	姓名	性别	大学语文	高等数学	大学英语	总分	平均分	名次
2	20161201	李孝天	男	89	66	96.3	251.3	83.767	2
3	20161202	王运	女	77	70	86.3	233.3	77.767	7
4	20161203	张三丰	男	64	86	96.1	246.1	82.033	3
5	20161204	刘军	男	57	85	76.3	218.3	72.767	9
6	20161205	赵一	女	98	44	91.5	233.5	77.833	6
7	20161206	张涛	男	75	58	69.1	202.1	67.367	12
8	20161207	白河	男	58	97	63.3	218.3	72.767	9
9	20161208	高华	女	98	93	80.3	271.3	90.433	1
10	20161209	刘伟	男	70	57	88.2	215.2	71.733	11
11	20161210	孙家圣	男	73	98	68.1	239.1	79.7	4
12	20161211	马列云	女	93	75	70.4	238.4	79.467	5
13	20161212	蒋财富	男	96	54	80.3	230.3	76.767	8
14									

图5-24 使用RANK函数最终排名结果

【小提示】

1.单元格引用的3种形式:绝对引用、相对引用和混合引用。

(1)绝对引用:如果在行号和列标前加了"$"符号,表示单元格地址的绝对引用。绝对引用是指当公式中的位置发生变化时,所引用的单元格不会发生变化,无论移到任何位置,引用都是绝对的。如D4,表示单元格D4是绝对引用。

(2)相对引用:如果在行号和列号前没有"$"符号,表示单元格地址的相对引用。相对引用是指:当把一个含有单元格地址的公式复制到一个新的位置或者用一个公式填入一个区域时,公式中的单元格地址会随着改变。相对引用的格式是直接使用单元格或者单元格区域名,如A1、D2等。例如,在E2中输入公式"=B2+C2+D2",然后将此公式复制到E3中,公式就变成B3+C3+D3;复制到E4中,公式变成B4+C4+D4,依次类推。

(3)混合引用:混合引用是指在一个引用的单元格中,既有绝对引用,又有相对引用。绝对引用的部分保持绝对引用的性质;相对引用的部分依然保持相对引用的变化规律。如$C3表示:绝对引用列号,相对引用行号;C$3表示相对引用列号,绝对引用行号。

相对引用、绝对引用和混合引用的切换方法是反复按F4键即可。

2.几个常用函数。

(1)SUM求和函数。

格式:SUM(参数1,参数2……)

功能:求各参数的和。

(2)AVERAGE求算术平均值函数。

格式:AVERAGE(参数1,参数2……)

功能:求各参数的平均值。

(3)MAX 求最大值函数。

格式:MAX(参数1,参数2……)

功能:求各参数中的最大值。

(4)MIN 求最小值函数。

格式:MIN(参数1,参数2……)

功能:求各参数中的最小值。

(5)COUNT 统计个数函数。

格式:COUNT(参数1,参数2……)

功能:求各参数中数值型参数和包含数值的单元格个数。

(6)ROUND 四舍五入函数。

格式:ROUND(数值,位数)

功能:对数值项进行四舍五入。

(7)INT 取整函数。

格式:INT(A1)

功能:取不大于数值A1的最大整数。

(8)IF 条件判断函数。

格式:IF(条件式,值1,值2)

功能:若满足条件,则结果取值1;否则,取值2。

(9)COUNTIF 条件计数函数。

格式:COUNTIF(取值范围,条件式)

功能:计算某区域内满足条件的单元格个数。

(10)RANK 排名次函数。

格式:RANK(参数,数据区域,升降序)

功能:计算某数值在数据区域内相对其他数值的大小排位。

任务二 编辑学生综合成绩表——格式化工作表

【任务描述】

本任务通过格式化设置"学生综合成绩表",使用工作表的内容更加整齐,样式更加美观,从而掌握工作表的格式化操作。

【相关知识】

一、插入(删除)行、列或单元格

在编辑工作表的过程中,经常需要进行单元格、行和列的插入或删除等编辑操作,通过此操作可以在工作表的指定位置添加或删除内容。

二、设置工作表数据的字符格式

对工作表中的不同单元格数据,可以设置不同的格式,如设置单元格数据类型、文本的对齐方式和字体等。

三、调整单元格的行高和列宽

在向单元格中输入文字或数据时,经常出现:有的单元格中文字只显示了一半;有的单元格显示的是一串♯号,而在编辑栏中可见全部数据。原因在于单元格的宽度或高度不够,无法将其中的文字全部显示。因此需要对工作表中的单元格的高度和宽度进行适当的调整。

四、添加边框和底纹

为了突出强调工作表的某一部分,可以通过边框和底纹来设置。

五、为表格添加条件格式

条件格式功能可以根据指定的公式或数值来确定搜索条件,然后将格式应用到符合搜索条件的选定单元格中,并突出显示要检查的动态数据。

六、套用表格样式

Excel 2010 自带了很多种表格样式,使用时,用户可以方便地套用这些样式。同样,用户也可以自定义所需的表格样式。

【任务实施】

子任务1　插入(删除)行、列、单元格

步骤1:打开"学生成绩表.xlsx"工作簿中的"学生综合成绩表"工作表,右击A1单元格,在弹出的快捷菜单中选择"插入"菜单项,在打开的"插入"对话框中单击"整行"复选框(见图5-25),单击"确定"按钮。

图5-25　插入一个空行

〖小提示〗

插入一个空行,也可以选择前面的行号1,单击鼠标右键,选择"插入"命令即可。

插入一个空列,先选择列号,单击鼠标右键,选择"插入"命令,即可在当前列的前面增加一个空白列。

步骤2:要删除工作表中的行、列、单元格,先选定要删除的行、列或单元格,在"开始"选项卡中单击"单元格"功能组中的"删除"下拉按钮,在下拉列表中选择相应的命令,即可将所选行、列或单元格删除,如图5-26所示。

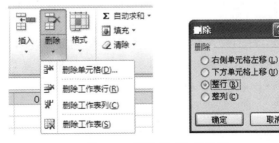

图5-26　删除行、列、单元格

子任务2　为表格内容设置字符格式、对齐方式和数字格式

步骤1：在A1单元格中，输入"学生综合成绩"，作为表格标题。选中要合并的单元格区域A1:I1，在"开始"选项卡的"对齐方式"功能组中，单击"合并居中"按钮，即可将A1:I1区域合并为一个单元格，效果如图5-27所示。

图5-27　单元格合并居中

步骤2：在"开始"选项卡的"字体"功能组中，单击"字体"下拉按钮，在展开的列表中选择"华文行魏"，即可将选中单元格中的字体改为"华文新魏"，如图5-28所示。

步骤3：在"开始"选项卡的"字体"功能组中，单击"字号"下拉按钮，在展开的列表中选择"26"，即可将选中单元格中的字号设为26，如图5-28所示。

图5-28　字体和字号设置

步骤4：选中其他所有数据的单元格区域，按步骤2和3的方法将字体设置为"华文楷体"、字号设置为"12"。在"开始"选项卡中单击"对齐方式"功能组的"居中"按钮，使所选单元格中的数据在单元格中居中对齐。

〖小提示〗

对于比较复杂的格式化操作，可以在"设置单元格格式"对话框中设置完成。方法是：单击"开始"选项卡中的"字体对话框启动器"，如图5-29所示，打开"设置单元格格式"对话框，在对话框中可以对单元格中的数据进行各种格式化操作。

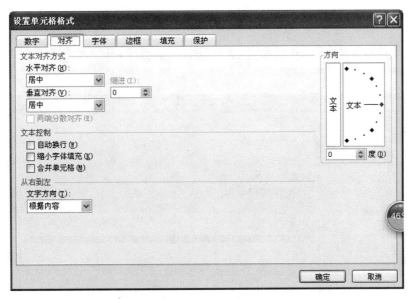

图 5-29 "设置单元格格式"对话框中的"对齐"选项

步骤 5：选中 A2:I2 单元格区域，在"开始"选项卡中单击"字体"功能组的"字体颜色"下拉按钮，在展开的字体颜色下拉列表中选择"红色"命令，并单击"字体"功能组的"加粗"按钮，设置后的效果如图 5-30 所示。

图 5-30 文本颜色和字形的设置

步骤 6：设置"平均分"一列的数据，保留一位小数。选中 H3:H16，在"开始"选项卡中单击"数字"功能组的"增加小数位数"按钮，如图 5-31 所示，每单击一次 按钮，则增加一位小数。

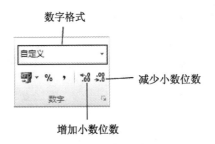

图 5-31 设置数字格式

【小提示】

要更改单元格中数据的数字格式，还可以采取下列方法：

①在"开始"选项卡中单击"数字"功能组的"数字格式"下拉按钮,在下拉列表中选择某一项。

②在"设置单元格格式"对话框中,切换到"数字"选项卡,从中更改单元格数据的数字格式,如图 5-32 所示。

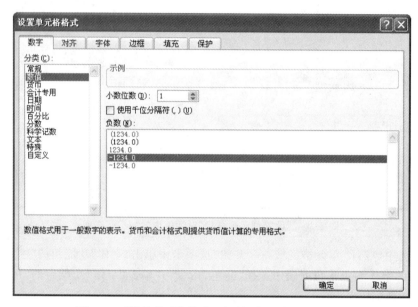

图 5-32 "设置单元格格式"对话框中的"数字"选项卡

子任务 3 调整单元格的行高与列宽

步骤 1:在"学生综合成绩表"中,单击行号 1,选中此行后,在"开始"选项卡中单击"单元格"功能组的"格式"下拉按钮,在下拉列表中选择"单元格大小"中的"行高"选项,在弹出的"行高"对话框中,键入所需的值,此处输入 32,最后单击"确定"按钮即可,如图 5-33 所示。

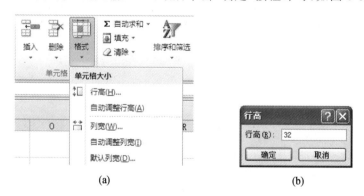

图 5-33 设置单元格的行高

〖小提示〗

也可以用鼠标调整行高,方法如下:

项目五　Excel 2010 电子表格操作

将鼠标指针移到行号的下方边界,当光标变成带上下箭头的"十"形时,按住鼠标左键不放,拖动鼠标,调到适宜的高度时,松开鼠标左键。

调整列宽,方法同上。

步骤 2:调整"姓名"一列列宽,以自动适应内容(即自动调整)。在"开始"选项卡中单击"单元格"功能组的"格式"下拉按钮,在下拉列表中选择"单元格大小"中的"自动调整列宽"选项,如图 5-33(a)所示。

子任务 4　为表格添加边框和底纹

步骤 1:首先选择要添加边框的区域 A1:I14,单击"开始"选项卡的"字体对话框启动器",打开"设置单元格格式"对话框,如图 5-34 所示。

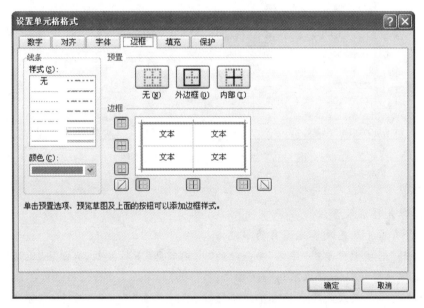

图 5-34　"设置单元格格式"对话框中的"边框"选项卡

步骤 2:在"设置单元格格式"对话框中,切换到"边框"选项卡,在"线条"的"样式"列表框中选择一种线条样式,在"颜色"下拉列表框中选择线条颜色,此处选择"深蓝色",然后单击"外边框"按钮,为表格添加外边框。

步骤 3:选择一种细线条样式;选择线条颜色(此处选择"黄色");单击"内部"按钮(为表格添加内边框),最后单击"确定"按钮。

〖小提示〗

要为选中的单元格或单元格区域添加边框、更改边框样式,或者删除边框,操作方法是:

在"开始"选项卡中单击"字体"功能组的"边框"右侧的下拉按钮,在下拉列表中执行下列操作之一即可。

①应用新的样式或其他边框样式:在下拉列表中选择所需的边框样式。

②删除单元格边框:在下拉列表中单击"无边框"按钮。

③设置边框的线条颜色:在下拉列表中将鼠标移到"绘制边框"下的"线条颜色"上,然后在

调色板上选择所需要颜色。

④设置边框的线型：在下拉列表中将鼠标移到"绘制边框"下的"线型"上，然后在子菜单中选择所需的线型。

步骤4：选中A2:I2单元格区域，在"开始"选项卡中单击"字体"功能组的"填充颜色"下拉按钮，在展开的下拉列表中选择"橙色"命令，添加边框和底纹后的效果图如图5-35所示。

	A	B	C	D	E	F	G	H	I
1	学生综合成绩								
2	学号	姓名	性别	大学语文	高等数学	大学英语	总分	平均分	名次
3	20161201	李孝天	男	89	66	96.3	251.3	83.767	2
4	20161202	王运	女	77	70	86.3	233.3	77.767	7
5	20161203	张三丰	男	64	86	96.1	246.1	82.033	3
6	20161204	刘军	男	57	85	76.3	218.3	72.767	9
7	20161205	赵一	女	98	44	91.5	233.5	77.833	6
8	20161206	张涛	男	75	58	69.1	202.1	67.367	12
9	20161207	白河	男	58	97	63.3	218.3	72.767	9
10	20161208	高华	女	98	93	80.3	271.3	90.433	1
11	20161209	刘伟	男	70	57	88.2	215.2	71.733	11
12	20161210	孙家圣	男	73	98	68.1	239.1	79.7	4
13	20161211	马列云	女	93	75	70.4	238.4	79.467	5
14	20161212	蒋财富	男	96	54	80.3	230.3	76.767	8

图5-35 添加边框和底纹后的效果图

〖小提示〗

（1）删除单元格底纹方法。

①选择含有填充颜色或填充图案的单元格。

②在"开始"选项卡中单击"字体"功能组的"填充颜色"下拉按钮，再单击"无填充"按钮。

（2）设置单元格底纹还可以采用如下方法。

首先选择要添加底纹的单元格或单元格区域；然后单击"开始"选项卡的"字体对话框启动器"，在打开的"设置单元格格式"对话框中，切换到"填充"选项卡，执行下列操作之一即可。

①用图案填充单元格或单元格区域：在"图案颜色"框中选择一种颜色，在"图案样式"框中选择图案样式。

②使用具有特殊效果的图案填充单元格或单元格区域：选择"填充效果"命令，在打开的"填充效果"对话框中切换到"渐变"选项卡，选择其中所需的选项。

子任务5 为表格添加条件格式

步骤1：选择"大学英语"列中要添加条件格式的单元格，并在"开始"选项卡中单击"样式"功能组的"条件格式"下拉按钮，如图5-36所示。在下拉列表中选择"突出显示单元格规则"子菜单中的"大于"选项，打开"大于"对话框，参照图5-37所设置的参数，最后单击"确定"按钮。此时，"大学英语"成绩大于85的单元格背景为浅红色、字体颜色为深红色。

图 5-36 设置条件格式

图 5-37 "大于"对话框

步骤 2：选择"大学语文"列中要添加条件格式的单元格区域，然后在图 5-36 所示的"条件格式"列表中选择"项目选取规则"→"高于平均值"选项，打开如图 5-38 所示的对话框，并设置填充色为"绿填充色深绿色文本"，然后单击"确定"按钮。

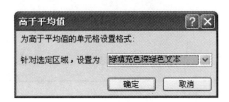

图 5-38 "项目选取规则"条件式

步骤 3：在"高等数学"列中选择要添加条件格式的单元格区域，然后在"条件格式"列表中选择"数据条"子菜单中的"蓝色数据条"选项。

步骤 4：在"总分"列中选择要添加条件格式的单元格区域，然后在"条件格式"列表中选择"色阶"子菜单中的"绿-黄色阶"选项。

步骤 5：在"平均分"列中选择要添加条件格式的单元格区域，然后在"条件格式"列表中选择"图标集"子菜单中的"形状"中的"三标志"选项。

步骤 6：在"名次"列中选择添加条件格式的单元格区域，再在"条件格式"列表中选择"新建规则",打开"新建格式规则"对话框,如图 5-39(a)所示。在"选择规则类型"列表中选择"仅对排名靠前或靠后的数值设置格式"项,在"编辑规则说明"中,设置"后"编辑框的值为 5,最后单击"格式"按钮,打开"设置单元格格式"对话框,如图 5-39(b)所示。

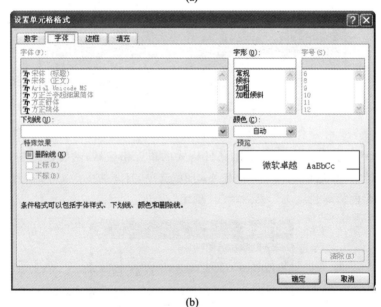

图 5-39 为"名次"列自定义条件格式

步骤 7:在对话框的"字体"选项卡中设置字形为"加粗"、字体颜色为"红色",然后在"填充"选项卡中将"背景色"设置为"蓝色",单击"确定"按钮返回"新建格式规则"对话框,继续单击"确定"按钮,完成自定义条件格式的添加。最终学生综合成绩表的效果如图 5-40 所示。

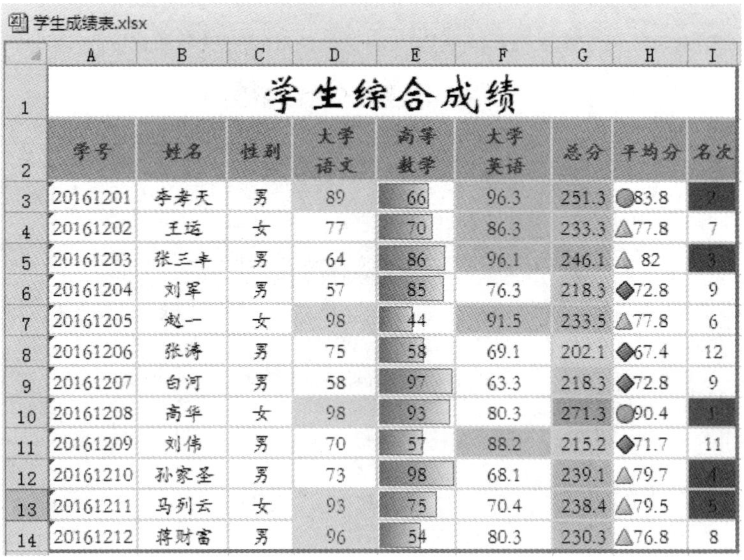

	A	B	C	D	E	F	G	H	I
1	学生综合成绩								
2	学号	姓名	性别	大学语文	高等数学	大学英语	总分	平均分	名次
3	20161201	李孝天	男	89	66	96.3	251.3	83.8	2
4	20161202	王运	女	77	70	86.3	233.3	77.8	7
5	20161203	张三丰	男	64	86	96.1	246.1	82	3
6	20161204	刘军	男	57	85	76.3	218.3	72.8	9
7	20161205	赵一	女	98	44	91.5	233.5	77.8	6
8	20161206	张涛	男	75	58	69.1	202.1	67.4	12
9	20161207	白河	男	58	97	63.3	218.3	72.8	9
10	20161208	高华	女	98	93	80.3	271.3	90.4	1
11	20161209	刘伟	男	70	57	88.2	215.2	71.7	11
12	20161210	孙家圣	男	73	98	68.1	239.1	79.7	4
13	20161211	马列云	女	93	75	70.4	238.4	79.5	5
14	20161212	蒋财富	男	96	54	80.3	230.3	76.8	8

图 5-40　添加条件格式后的最终效果图

〖小提示〗

当不需要应用条件格式时，可以将其删除。删除方法如下：

打开工作表，在“条件格式”列中选择“清除规则”项中的相应子项。

子任务 6　套用表格样式

步骤 1：选中要套用表格样式的单元格区域，在“开始”选项卡中单击“样式”功能组的“套用表格格式”下拉按钮，如图 5-41 所示。在展开的“浅色”“中等深浅”或“深色”列表中选择要使用的表格样式(此处选择“中等深浅”项中的“表样式中等深浅 14”)，打开如图 5-42 所示的“套用表格式”对话框。

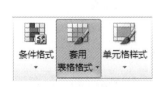

图 5-41　套用表格格式

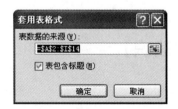

图 5-42　“套用表格式”对话框

步骤 2：在打开的“套用表格式”对话框中单击“确定”按钮，所选单元格区域将自动套用所选表格样式，效果如图 5-43 所示。

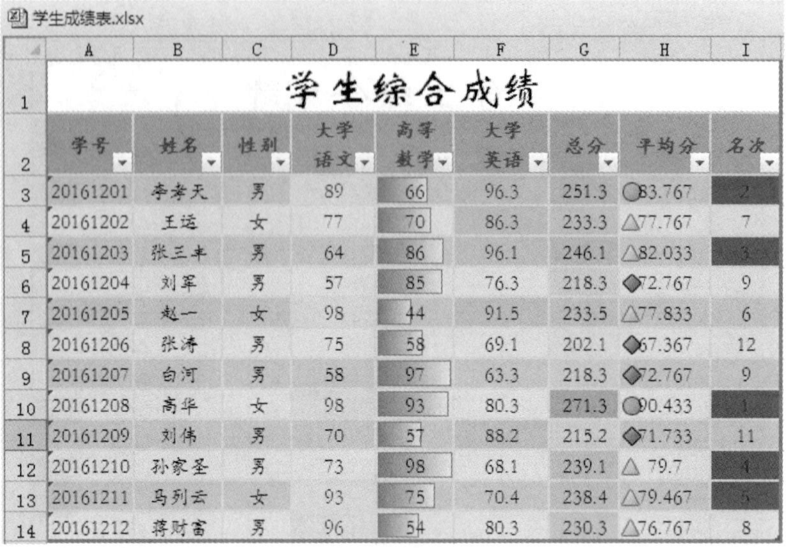

学号	姓名	性别	大学语文	高等数学	大学英语	总分	平均分	名次
20161201	李孝天	男	89	66	96.3	251.3	83.767	2
20161202	王运	女	77	70	86.3	233.3	77.767	7
20161203	张三丰	男	64	86	96.1	246.1	82.033	3
20161204	刘军	男	57	85	76.3	218.3	72.767	9
20161205	赵一	女	98	44	91.5	233.5	77.833	6
20161206	张涛	男	75	58	69.1	202.1	67.367	12
20161207	白河	男	58	97	63.3	218.3	72.767	9
20161208	高华	女	98	93	80.3	271.3	90.433	1
20161209	刘伟	男	70	57	88.2	215.2	71.733	11
20161210	孙家圣	男	73	98	68.1	239.1	79.7	4
20161211	马列云	女	93	75	70.4	238.4	79.467	5
20161212	蒋财富	男	96	54	80.3	230.3	76.767	8

图 5-43 应用“自动套用格式”效果图

任务三 处理学生综合成绩表中的数据——数据的处理与分析

【任务描述】

通过处理学生综合成绩表中的数据，熟练掌握数据的排序、筛选、分类汇总以及如何创建和编辑图表。

【相关知识】

一、数据排序

一般来说，用户在输入数据时不会花费时间和精力来安排数据输入的先后顺序，那么以后在查询数据时，将会浪费大量的时间。为此，Excel 提供了排序这种有效的方式来提高查询效率。

数据排序是指按一定规则对数据进行整理、排列，这样可以为数据的进一步处理做好准备。Excel 2010 提供了多种方法对数据清单进行排序，可以升序、降序，也可以由用户自定义排序。

(1)数字:从最小的负数到最大的正数进行排序。
(2)字母:按字母先后顺序排序。
(3)汉字:按照汉语拼音各个字母从左到右进行字母排序。
(4)逻辑值:按照升序排序,FALSE 在前,TRUE 在后。
(5)空白单元格:升序排序时始终排在最后,降序时始终排在最前。
(6)错误值:优先级相同。
(7)日期:按从早到晚,或从晚到早的顺序排序。

二、数据筛选

通过数据筛选可以实现在数据清单中提出满足筛选条件的数据,不满足条件的数据暂时被隐藏起来。在 Excel 中提供了"筛选"和"高级筛选"两种选择,一般情况下,"筛选"能满足用户的大部分需要。当用户需要利用复杂的条件来筛选数据列表时,须使用"高级筛选"功能。

自动筛选:为用户提供了在大量记录数据清单中快速查找符合某种条件记录的功能。在筛选记录时,字段名称将变成一个下拉列表框的框名。

高级筛选:适用于条件比较复杂的筛选。使用高级筛选功能时,必须先建立一个条件区域,用来指定筛选的数据所需满足的条件。条件区域的第一行是所有作为筛选条件的字段名,这些字段名与数据表中的字段名必须完全相同。

三、数据分类汇总

分类汇总是指对已排序的数据做求和、计数、求平均值、最大值、最小值等计算。它是在数据清单中快速汇总数据、分析数据的一种方法。对数据进行分类汇总操作前,要先对其进行排序。

在日常生活中经常会用到分类汇总,像仓库的库存管理,经常要统计各类产品的库存总量,商店的销售管理经常要统计各类商品的售出总量等,它们共同的特点是首先要进行分类,将同类别的数据放在一起,然后再进行数量求和之类的汇总运算。

四、创建和编辑图表

图表是工作表数据的图形显示,可以使工作表中的数据更加易于理解和评价,并且可以更加直观地分析和比较数据。图表一经产生,就可以进行打印、隐藏、修改等操作,还可以把它们移动或复制到非 Excel 文件中去。当修改工作表中的数据时,Excel 图表中对应项的数据也会自动变化。

Excel 自带各种各样的图表,如柱形图、折线图、饼图、条形图等,各种图表各有优点,适用于不同场合。如图 5-44 所示为图表的组成元素。

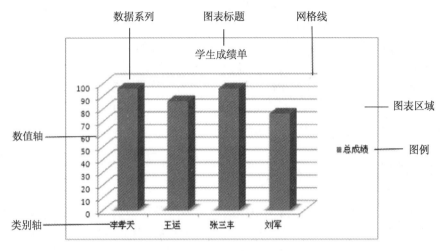

图 5-44 图表的组成元素

【任务实施】

子任务 1 按学生的总分进行排序

步骤 1：打开"学生成绩表"工作簿，选择"学生综合成绩表"工作表，选择"总分"列中的任一单元格，然后在"数据"选项卡中单击"排序和筛选"功能组的"排序"按钮（见图 5-45），打开"排序"对话框。

图 5-45 数据排序

步骤 2：在"排序"对话框中，设置主要关键字为"总分"，排序依据为"数值"，次序为"降序"。单击"排序"对话框中"添加条件"按钮，添加一个次要关键字为"姓名"，排序依据为"数值"，次序为"降序"，如图 5-46 所示。最后单击"确定"按钮，排序结果如图 5-47 所示。

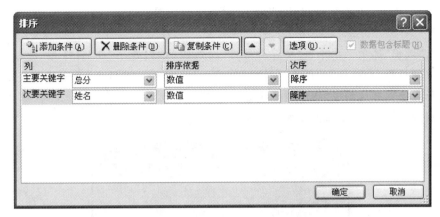

图 5-46 在“排序”对话框中设置主关键字和次关键字

学生成绩表.xlsx

	A	B	C	D	E	F	G	H	I
1	学生综合成绩								
2	学号	姓名	性别	大学语文	高等数学	大学英语	总分	平均分	名次
3	20161208	高华	女	98	93	80.3	271.3	90.43333	1
4	20161201	李孝天	男	89	66	96.3	251.3	83.76667	2
5	20161203	张三丰	男	64	86	96.1	246.1	82.03333	3
6	20161210	孙家圣	男	73	98	68.1	239.1	79.7	4
7	20161211	马列云	女	93	75	70.4	238.4	79.46667	5
8	20161205	赵一	女	98	44	91.5	233.5	77.83333	6
9	20161202	王运	女	77	70	86.3	233.3	77.76667	7
10	20161212	蒋财富	男	96	54	80.3	230.3	76.76667	8
11	20161207	白河	男	58	97	63.3	218.3	72.76667	9
12	20161204	刘军	男	57	85	76.3	218.3	72.76667	9
13	20161209	刘伟	男	70	57	88.2	215.2	71.73333	11
14	20161206	张涛	男	75	58	69.1	202.1	67.36667	12

图 5-47 排序结果

〖小提示〗

1. 如果要对多个字段排序，在“排序”对话框中，单击“添加条件”按钮，可增加多个排序字段。首先按照“主要关键字”和指定的升降序方式排列，当排序数据取值相同时，再按照次要关键字和指定的升降序方式进行排列。

2. 在“排序”对话框中，可按下列规则设置排序依据。

(1)若按文本、数字、日期和时间进行排序，选择“数值”选项。

(2)若按格式进行排序，可选择“单元格颜色”“字体颜色”或“单元格图标”选项。

3. 在“排序”对话框中，可按下列规则选择“次序”选项。

(1)对于文本值、数值、日期或时间值，选择“升序”或“降序”选项。

(2)若要对自定义序列进行排序，可选择“自定义序列”选项。

在“排序”对话框中，若要复制作为排序依据的列，可选择该条目，再单击“复制条件”按钮。若要删除作为排序依据的列，先选择该条目，然后单击“删除条件”按钮。若要更改列的排序顺序，先选择一个条目，再单击“向上”或“向下”箭头更改顺序。

4. 另外一种排序方法。

直接在“数据”选项卡中单击“排序和筛选”功能组的“A↓Z升序”或“Z↓A降序”按钮，在弹出的“排序提醒”对话框中，选择“扩展选定区域”单选按钮，如图 5-48 所示，系统就会按当前单元格的数据进行排序。若选择了“以当前选定区域排序”，则表示只对当前单元格区域的数据进行排序，同一行的其他单元格位置不发生改变。

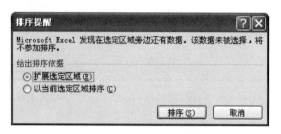

图 5-48　“排序提醒”对话框

子任务 2　筛选出“大学英语大于 90 分”的学生记录

步骤 1：选择表格中的标题行单元格，在“数据”选项卡中单击“排序和筛选”功能组中的“筛选”按钮，这时标题行单元格的右侧将出现倒三角形筛选按钮。

步骤 2：单击“大学英语”列标题右侧的倒三角筛选按钮，选择“数字筛选”中的“大于”项，打开“自定义自动筛选方式”对话框，输入“90”，如图 5-49 所示。单击“确定”按钮，即可筛选出符合条件的所有记录。如图 5-50 所示，90 分(含 90)以下的学生记录将被隐藏。

图 5-49　“自定义自动筛选方式”对话框

学生成绩表.xlsx

	A	B	C	D	E	F	G	H	I
1	学生综合成绩								
2	学号	姓名	性别	大学语文	高等数学	大学英语	总分	平均分	名次
10	20161205	赵一	女	98	44	91.5	233.5	77.83333	6
12	20161203	张三丰	男	64	86	96.1	246.1	82.03333	3
14	20161201	李希天	男	89	66	96.3	251.3	83.76667	2

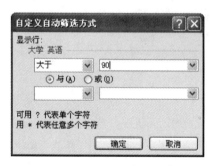

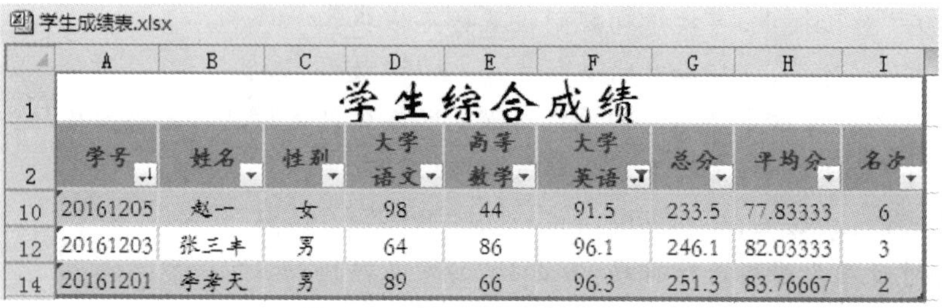

图 5-50　筛选结果

〖小提示〗

若要取消筛选,可再次在"数据"选项卡中单击"排序和筛选"功能组的"筛选"按钮。

子任务 3 筛选出总分小于 200 分的女生或总分大于 250 分的男生

步骤 1:在空白单元格中输入列标题,以及对应的筛选条件,构造出筛选的条件区域,如图 5-51 所示。

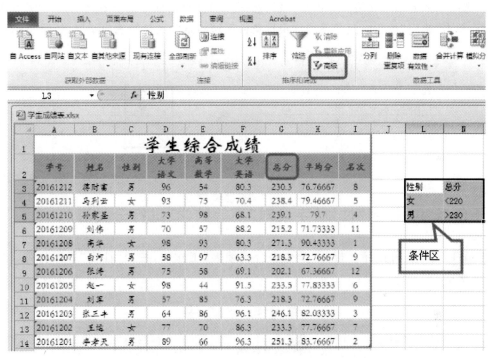

图 5-51 构造筛选条件

〖小提示〗

条件区域和数据清单之间,至少留有一个空白行或空白列。

步骤 2:选中数据表中的任一单元格,在"数据"选项卡中单击"排序和筛选"功能组的"高级"按钮,打开"高级筛选"对话框,如图 5-52 所示。

图 5-52 "高级筛选"对话框

步骤3:单击"将筛选结果复制到其他位置"按钮,将符合条件的数据行复制到工作表的其他位置。

步骤4:检查要进行筛选的数据区域是否正确,若不正确,可以单击"列表区域"右侧的按钮,用鼠标拖动方法选中要参加筛选的数据区域。

步骤5:单击"条件区域"右侧的按钮,打开"高级筛选-条件区域"对话框,按下鼠标左键并拖动选择条件区域,再单击对话框中的按钮,返回"高级筛选"对话框。

步骤6:单击"复制到"右侧的按钮,打开"高级筛选-复制到"对话框,在工作表中单击存放筛选结果的起始单元格。单击"高级筛选-复制到"对话框中的按钮,返回"高级筛选"对话框,单击"确定"按钮。此时系统将根据条件区域指定的条件筛选出结果,如图5-53所示。

学号	姓名	性别	大学语文	高等数学	大学英语	总分	平均分	名次
20161212	蒋财富	男	96	54	80.3	230.3	76.76667	8
20161210	孙家圣	男	73	98	68.1	239.1	79.7	4
20161203	张三丰	男	64	86	96.1	246.1	82.03333	3
20161201	李孝天	男	89	66	96.3	251.3	83.76667	2

图5-53 "高级筛选"最终结果

子任务4 按照"性别"字段对"高等数学"进行分类汇总

步骤1:先分类再排序。打开"学生综合成绩表"工作表,按照"性别"升序排列,结果如图5-54所示。

学生综合成绩

学号	姓名	性别	大学语文	高等数学	大学英语	总分	平均分	名次
20161212	蒋财富	男	96	54	80.3	230.3	76.7667	8
20161210	孙家圣	男	73	98	68.1	239.1	79.7	4
20161209	刘伟	男	70	57	88.2	215.2	71.7333	11
20161207	白河	男	58	97	63.3	218.3	72.7667	9
20161206	张涛	男	75	58	69.1	202.1	67.3667	12
20161204	刘军	男	57	85	76.3	218.3	72.7667	9
20161203	张三丰	男	64	86	96.1	246.1	82.0333	3
20161201	李孝天	男	89	66	96.3	251.3	83.7667	2
20161211	马列云	女	93	75	70.4	238.4	79.4667	5
20161208	高华	女	98	93	80.3	271.3	90.4333	1
20161205	赵一	女	98	44	91.5	233.5	77.8333	6
20161202	王达	女	77	70	86.3	233.3	77.7667	7

图5-54 分类(排序)结果

步骤2:进行汇总。选择"性别"列中的任一单元格,然后在"数据"选项卡中单击"分级显示"功能组的"分类汇总"按钮。在"分类字段"中选择"性别",在"汇总方式"中选择"求和",在"选定汇总项"列表中选择汇总项目为"高等数学",如图5-55所示。

图 5-55 "分类汇总"对话框

步骤 4：单击"分类汇总"对话框中的"确定"按钮，即可将工作表中的数据按"性别"进行分类，并对"总分"进行汇总，结果如图 5-56 所示。

	A	B	C	D	E	F	G	H	I
1	学生综合成绩								
2	学号	姓名	性别	大学语文	高等数学	大学英语	总分	平均分	名次
3	20161212	蒋财富	男	96	54	80.3	230.3	76.7667	8
4	20161210	孙家圣	男	73	98	68.1	239.1	79.7	4
5	20161209	刘伟	男	70	57	88.2	215.2	71.7333	11
6	20161207	白河	男	58	97	63.3	218.3	72.7667	9
7	20161206	张涛	男	75	58	69.1	202.1	67.3667	12
8	20161204	刘军	男	57	85	76.3	218.3	72.7667	9
9	20161203	张三丰	男	64	86	96.1	246.1	82.0333	3
10	20161201	李孝天	男	89	66	96.3	251.3	83.7667	2
11			男 汇总		601				
12	20161211	马列云	女	93	75	70.4	238.4	79.4667	5
13	20161208	高华	女	98	93	80.3	271.3	90.4333	1
14	20161205	赵一	女	98	44	91.5	233.5	77.8333	6
15	20161202	王远	女	77	70	86.3	233.3	77.7667	7
16			女 汇总		282				
17			总计		883				

图 5-56 分类汇总结果

分类汇总的结果会分级显示，可以具有最多 8 个级别的细节数据，其中每个内部级别为前面的外部级别提供细节数据。在分类汇总的左上角有一排数字按钮 1,2,3。第一层 1：代表总的汇总结果范围；第二层 2：显示第一、二层的记录，依此类推。通过单击分级显示符号来显示或隐藏细节行。

🔊〖小提示〗

删除分类汇总项的操作如下：

(1) 打开包含分类汇总的数据清单，并单击任意单元格。

(2) 在"数据"选项卡中单击"分级显示"功能组的"分类汇总"按钮，在弹出的"分类汇总"对话框中单击"全部删除"按钮。

子任务5 创建和编辑"学生综合成绩表"图表

步骤1：创建图表。打开"学生成绩表"工作簿中的"学生综合成绩表"，选择数据区域"A2：I14"；在"插入"选项卡中单击"图表"组中的"柱形图"下拉按钮，选择"三维柱形图"中的第一个选项(三维簇状柱形图)，即可在工作表中插入一张三维簇状柱形图表，如图5-57所示。

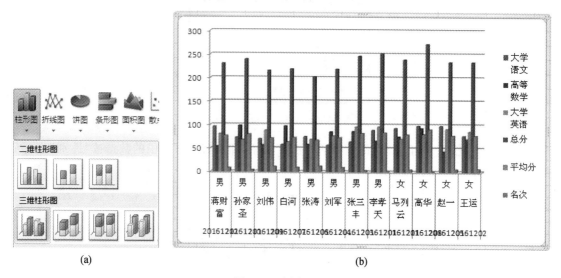

图5-57 创建图表

〖小提示〗

先选中已生成的图表，然后单击"图表工具/设计"选项卡中的"类型"功能组的"更改图表类型"按钮，打开"更改图表类型"对话框，如图5-58所示，可更改图表类型。

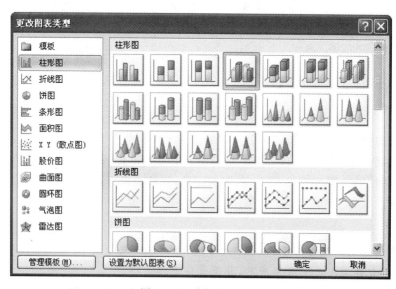

图5-58 更改图表类型

步骤 2：编辑图表。在"图表工具/设计"选项卡中单击"数据"功能组的"选择数据"按钮，打开"选择数据源"对话框，如图 5-59(a)所示，单击"添加"按钮，打开"编辑数据系列"对话框，如图 5-59(b)所示。

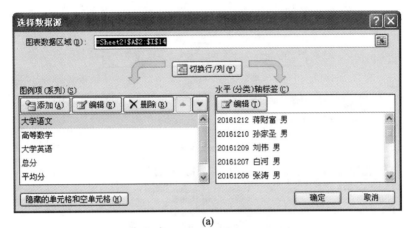

图 5-59　编辑数据系列

〖小提示〗

在"选择数据源"对话框中单击"编辑"按钮，可以对选中的数据系列进行修改；单击"删除"按钮，可以删除选中的数据系列；单击 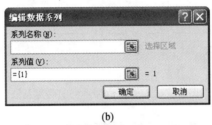 按钮或在"图表工具/设计"选项卡中单击"数据"功能组的"切换行/列"按钮，可以交换行列数据。

步骤 3：在"编辑数据系列"对话框中单击"系列名称"编辑框右侧的 按钮，然后选择工作表中的 I2 单元格，设置新数据系列名称为"名次"。

步骤 4：单击"编辑数据系列"对话框的"系列值"编辑框右侧的 按钮，选择"I3:I14"区域，然后在"编辑数据系列"对话框中单击"确定"按钮，完成数据系列的添加，如图 5-60 所示。

步骤 5：单击"选择数据源"对话框中"水平(分类)轴标签"下的"编辑"按钮，打开"轴标签"对话框，如图 5-61 所示，单击"轴标签区域"文本框右侧的 按钮，在工作表中选择"B3:B14"区域，然后单击"确定"按钮，完成水平轴标签的设置。

步骤 6：最后，在"选择数据源"对话框中单击"确定"按钮，即可完成图表的编辑，如图 5-62 所示。

〖小提示〗

在"设计"选项卡中单击"位置"功能组的"移动图表"按钮，可以改变图表的位置。

如果要删除图表，先选中图表再按 Delete 键。分类汇总的结果会分级显示，可以具有最多 8 个级别的细节数据,其中每个内部级别为前面的外部级。

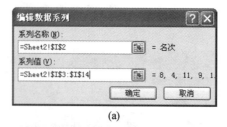

(a)

(b)

图 5-60 设置新添加系列的名称及值

图 5-61 "轴标签"对话框

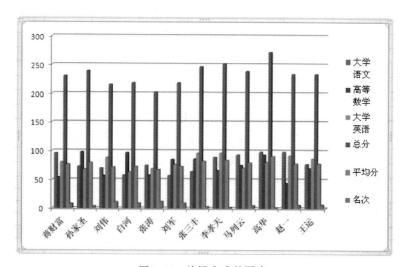

图 5-62 编辑完成的图表

任务四　打印学生综合成绩表——打印设置

【任务描述】

Excel 2010 提供了强大的工作表或工作簿的打印功能。本任务是：通过打印"学生综合成绩表"实例操作，掌握在 Excel 2010 中预览、打印工作表，以及页面设置，包括设置工作表的打印方向、缩放比例、纸张大小、页边距、页眉页脚等操作。

【相关知识】

工作表制作完成后，根据需要可以把它打印出来。利用 Excel 2010 提供的设置页面、设置打印区域、打印预览等打印功能，可以对工作表进行打印设置，以美化打印效果。下面介绍打印工作表的相关操作。

一、设置打印页面

在打印工作表之前，可根据要求对工作表进行一些必要的设置。比如，设置打印的方向、纸张的大小、页眉页脚、页边距等。在"页面布局"选项卡的"页面设置"功能组中，可以完成基本的页面设置，如图 5-63 所示。

图 5-63　"页面布局"选项卡的"页面设置"功能组

二、预览和打印

在打印之前，用户可以通过 Excel 2010 提供的打印预览功能查看打印后的实际效果。如页面设置、分页效果等。若不符合要求，则可以及时调整，以避免常见的打印问题。

查看打印预览的方法：在"文件"选项卡中选择"打印"命令，在窗口右侧可以查看打印预览；还可以在"视图"选项卡中单击"工作簿视图"功能组的"页面布局"按钮，对文档进行预览。

【任务实施】

子任务1　设置打印方向和边界

步骤1：打开"学生综合成绩表",在"页面布局"选项卡中单击"页面设置"功能组的"纸张大小"下拉按钮(见图5-64),可根据需要在下拉列表中设置工作表的纸张大小。

步骤2：单击"页面设置"功能组的"纸张方向"下拉按钮,在下拉列表中选择"横向"命令,可以设置横向的纸张方向;选择"纵向"命令,可以设置纵向的纸张方向。

图5-64　设置"纸张大小"和"纸张方向"

〖小提示〗

打印方向可设置为纵向和横向两种。当打印文件的高度大于宽度时,选择纵向;当宽度大于高度时,选择横向。

如果工作表中出现纸张边界线,表示工作表的宽度已经超过了纸张的宽度。

步骤3：在"页面布局"选项卡中单击"页面设置"功能组的"页边距"下拉按钮,在下拉列表中有"普通""宽""窄"等样式,可以根据系统的预设值,来调整纸张的页边距。

当然,还可以选择"页边距"下拉列表底部的"自定义边距"命令,在"页面设置"对话框的"页边距"选项卡中,分别设置上、下、左、右页边距的值来自定义页边距,如图5-65所示。

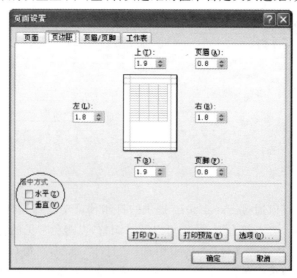

图5-65　"页面设置"对话框

◀))〖小提示〗

页边距指的是打印工作表的边缘与打印纸边缘的距离。通过"页边距"选项卡可设置页面4个边界的距离,以及页眉和页脚的上下边距等。

在"页面设置"对话框的"页边距"选项卡中,还可以设置居中方式,有"水平"和"垂直"复选框,可以控制打印内容在打印纸上是"水平居中"还是"垂直居中",如图5-65所示。

子任务2 设置页眉和页脚

步骤1:在"插入"选项卡中单击"文本"功能组的"页眉页脚"按钮(见图5-66)。

图5-66 "页眉和页脚"按钮

步骤2:此时,Excel 2010在"页面布局"视图中显示工作表,"页眉和页脚工具-设计"选项卡自动出现,如图5-67所示,光标在工作表页面顶部的编辑框,然后再单击"页眉和页脚"功能组的"页眉"下拉按钮,在下拉列表中选择需要设置的预定义页眉。

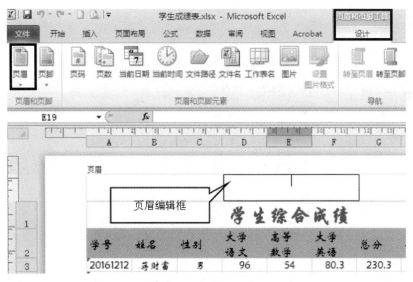

图5-67 设置页眉

步骤3:选择页眉区域,在"页眉和页脚工具-设计"选项卡中单击"导航"功能组的"转至页脚"按钮,再单击"页眉和页脚"功能组的"页脚"下拉按钮,在下拉列表中选择所需的预定义页脚即可。

◀))〖小提示〗

页眉和页脚分别位于打印页的顶端和底端,用来打印表格名称、页号、作者名称或时间等。设置好的页眉和页脚在普通视图中不显示,只有在打印预览视图或打印出的工作表中才能看到。

如果要添加自定义的页眉或页脚,可直接在页眉或页脚编辑框中输入所需文本。

如果要在页眉或页脚中添加特定元素,操作如下:

首先,单击"页眉和页脚"编辑框,然后,在"页眉和页脚工具-设计"选项卡中单击"页眉和页脚元素"功能组中的相应按钮(见图5-68)。

图5-68 在页眉或页脚中插入特定元素

子任务3　预览和打印文件

步骤1:单击"标题栏"左侧的"自定义快速访问工具栏"按钮 ,在下拉列表中选择"打印预览和打印"命令,标题栏出现"打印预览和打印"按钮 ,其界面如图5-69所示。

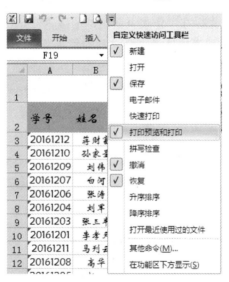

图5-69 在"自定义快速访问工具栏"中设置"打印预览和打印"

步骤2:单击 按钮,出现如图5-70所示的界面,通过该界面用户可以完成打印工作表的最后一些选项设置。在"打印"栏中可以设置本次需要打印的文件份数(默认为1份)。单击"打印"按钮,可以将文档发送至打印机打印输出。

如果计算机连接了多台打印机,则还可以在"打印机"栏选择使用哪一台打印机打印文档。

步骤3:在打印预览区的右下角有"显示边距"和"缩放到页面"两个按钮。单击"显示边距"按钮 ,可以将页边距指示线显示到屏幕上,使用户可以通过拖动这些指示线来改变页边距的设置值。选择"缩放到页面"命令 ,可以将所有打印内容缩放到一页中。此处选择"缩放到页面"。

步骤4:全部设置好之后,单击"打印"按钮,即可打印输出。

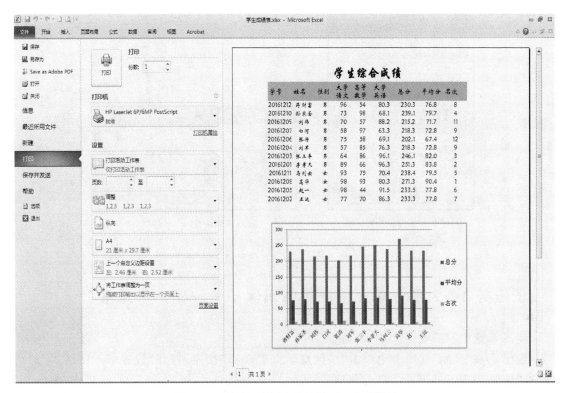

图 5-70 "文件"选项卡中的"打印"选项设置

知 识 拓 展

子任务 1 为工作表设置密码——保护工作表

步骤 1:打开"学生成绩表.xlsx"工作簿中的"外语成绩表",然后在"审阅"选项卡中单击"更改"功能组的"保护工作表"按钮(见图 5-71)。

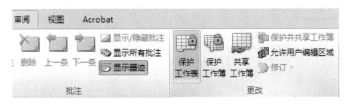

图 5-71 "保护工作表"按钮

步骤 2:在如图 5-72(a)所示的"保护工作表"对话框中,输入密码,然后单击"确定"按钮。

步骤 3:在打开的"确认密码"对话框中再次输入刚才的密码,如图 5-72(b)所示,单击"确定"按钮即可。此时工作表中的所有单元格都被保护起来了,不能进行操作。

 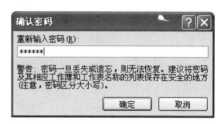

(a) "保护工作表"对话框　　　　(b) "确认密码"对话框

图 5-72　为工作表设置密码

子任务 2　为部分单元格设置密码保护——保护单元格

步骤 1：选中不需要保护的单元格区域。

步骤 2：在"开始"选项卡中单击"字体对话框启动器"按钮，打开"设置单元格格式"对话框，在"保护"选项卡中单击"锁定"复选框，清除勾选，如图 5-73 所示，最后单击"确定"按钮。

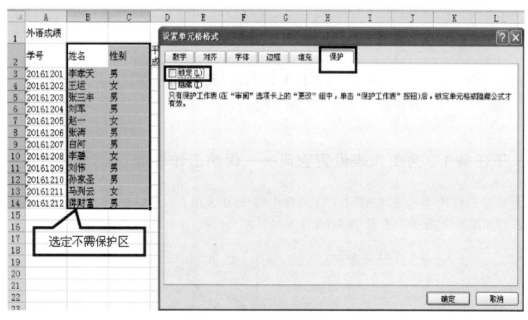

图 5-73　清除"锁定"复选框

步骤 3：在"审阅"选项卡中单击"更改"功能组的"保护工作表"按钮，在如图 5-72(a)所示的对话框中设置保护密码，然后，选中"选定未锁定的单元格"复选框，单击"确定"按钮。

步骤 4：在打开的对话框中，再次输入刚才设置的密码，如图 5-72(b)所示，单击"确定"按钮。

步骤 5：工作表中的单元格进行保护后，便只能对选定区域进行编辑，而其他单元格则受到保护。

子任务 3　冻结工作表的首行或首列

步骤 1：打开要进行浏览的工作表，在"视图"选项卡中单击"窗口"功能组的"冻结窗格"下拉按钮，在下拉列表中选择"冻结首行"命令（见图 5-74）。

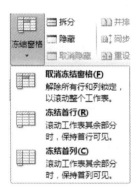

图 5-74　"冻结窗格"的下拉列表

步骤 2：被冻结的窗口部分以黑色区分，当拖动垂直滚动条向下查看时，首行始终显示。

步骤 3：若要保持工作表"首列可见"，打开工作表后，在"冻结窗格"下拉列表中选择"冻结首列"命令即可。首列冻结后，当拖动水平滚动条向右查看时，首列始终可见。

步骤 4：若要取消冻结窗格，打开工作表后，只需在"冻结窗格"下拉列表中选择"取消冻结窗格"命令即可。

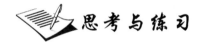

一、选择题

1. 在 Excel 2010 中，一个新建的工作簿中默认包含（　　）个工作表。
A. 1　　　　　　B. 10　　　　　　C. 3　　　　　　D. 5

2. 在 Excel 2010 中，工作表能包含的列数最多为（　　）。
A. 255 个　　　　B. 256 个　　　　C. 1 024 个　　　　D. 16 384 个

3. 名为"工资"的工作表的 A4 单元格的地址应表示为（　　）。
A. 工资\A4　　　B. 工资/A4　　　C. A4!工资　　　D. 工资!A4

4. 设置工作簿密码是在（　　）中完成的。
A. 文件/选项　　B. 文件/信息　　C. 文件/新建　　D. 文件/保存

5. 在 Excel 中，错误单元格一般以（　　）开头。
A. $　　　　　　B. #　　　　　　C. @　　　　　　D. &

二、填空题

1. 在 Excel 2010 中，若一个单元格的地址为 F5，则其右边紧邻的一个单元格地址为_____。

2.在 Excel 2010 中,最小操作单元是_____。

3.在 Excel 2010 中,输入数字作为文本使用时,需要输入的先导字符是_____。

4.在 Excel 2010 中,假设一个单元格的地址为 D25,则该单元格的地址称为_____。

5.在 Excel 2010 主界面窗口中编辑栏上的"fx"按钮用来向单元格中插入_____。

三、上机操作题

1.根据表 5-2 的数据和操作要求进行上机操作。

表 5-2 成绩表 1

学号	姓名	性别	语文	数学	英语	平均分
107	陈壹	男	74	92	92	
109	陈贰	男	88	80	104	
111	陈叁	男	92	86	108	
113	林坚	男	79	78	82	
128	陈晓立	女	116	106	78	
134	黄小丽	女	102	88	120	

操作要求:

(1)表格中所有数据水平居中显示。并统计各人平均分。

(2)按性别进行分类汇总,统计不同性别的语文、数学、英语平均分。

(3)按数学成绩从低分到高分排序。

(4)利用 Excel 的筛选,筛选出所有语文成绩大于 80,数学成绩大于等于 80 的所有学生。

(5)为表格 A1:G7 区域加上内、外边框线,内框线为黄色,外边框线为红色。

2.根据表 5-3、表 5-4 和操作要求进行上机操作。

表 5-3 成绩表 2

班级	姓名	性别	语文	数学	英语	总分	班级名次	年级名次
一班	仓淼	女	76	69	80			
二班	陈娜娜	男	79	90	91			
二班	陈倩	男	66	87	89			
四班	陈烁	男	76	96	98			
一班	丁梁高	女	72	94	77			
三班	杜壮	男	69	92	96			
二班	付伶俐	女	70	84	53			
三班	顾浩	男	66	96	75			
四班	顾凯歌	女	88	92	99			
一班	李超	女	70	92	87			

表 5-4　各班各科平均分

班级	语文	数学	英语
一班			
二班			
三班			
四班			

操作要求：

(1)插入一个名为"期末成绩"的工作表,复制"成绩表2"中的数据。

(2)利用函数计算总分。

(3)根据总分给学生排出班级名次、年级名次,填入对应单元格。

(4)在最上面加入一行标题"七年级成绩统计表",并设置在 A 列到 I 列之间跨列居中。

(5)设置标题字体为黑体,字号为16。

(6)为最后完成的工作表修整边框,设置外边框,颜色为红色,样式为双线。

注:(2)到(6)题都在工作表"期末成绩"中操作。

(7)利用表 5-3 的数据计算出各班各科的平均分,并填入表 5-4 对应的单元格中,要求小数点保留两位。

(8)根据各班各科平均分的统计,生成一张簇状圆柱图,要求以科目为横坐标,成绩为纵坐标,班级用蓝色表示。

(9)给图表的横坐标文字格式设置为隶书、16号,并加上橙色的坐标填充色。

项目六　PowerPoint 2010 演示文稿

【引子】

PowerPoint 2010 是 Microsoft 公司办公集成软件 Office 2010 中的一个应用软件,能够制作集文字、图形、图像、声音以及视频等各种媒体对象于一体的演示文稿,具有强大的演示功能和专业水平的幻灯片放映效果,适用于工作报告、产品推介、教育培训等领域。

为了叙述方便,本书中将 PowerPoint 2010 简称为 PPT。

【本章内容提要】

◇ PPT 基本操作
◇ 美化演示文稿
◇ 特效制作
◇ 放映演示文稿

任务一　创建员工培训演示文稿——PPT 基本操作

【任务描述】

通过创建员工培训演示文稿,掌握如何建立、保存、打开和关闭演示文稿,同时掌握在演示文稿中如何输入与编辑等操作。

【相关知识】

一、PPT 的启动与退出

1. 启动

方法 1:从开始菜单启动。

(1)单击任务栏上的"开始"按钮。

(2)将鼠标指针移动到"程序"选项,将"程序"子菜单打开。

(3)选择"Microsoft Office"子菜单中的"Microsoft PowerPoint 2010"选项即可启动 PPT。

方法 2:从桌面启动。

双击桌面上的 PPT 快捷图标,即可启动(如果桌面上没有 PPT 快捷图标,应先创建该图标)。这是最为快捷和简单的启动方式。

方法 3:文档驱动。

在"我的电脑"或者"资源管理器"中(XP 系统),双击演示文稿文件(扩展名.pptx)的图标,即可启动 PPT,并将演示文稿文件打开。

2. 退出

方法 1:单击 PPT 标题栏右上角的"×"(关闭)按钮。

方法 2:在"文件"选项卡中,选择"退出"命令。

方法 3:双击标题栏左上角的控制菜单图标。

方法 4:按 Alt+F4 组合键。

当然,如果文件已被修改,但还没保存,PPT 会显示一个对话框,提示用户是否保存文件。如图 6-1 所示。

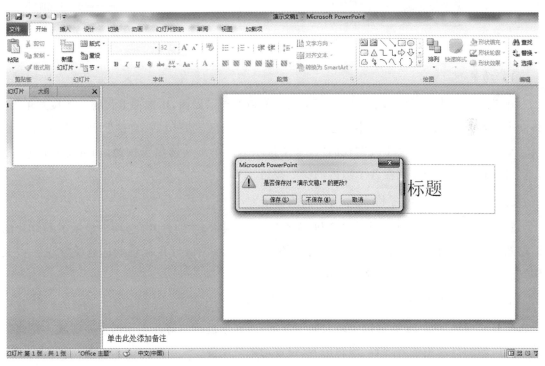

图 6-1　退出提示

二、认识 PPT 工作窗口

用户启动并进入了 PPT 以后,屏幕上将出现 PPT 的工作窗口,并且有一张开启的空白幻灯片。PPT 的工作窗口由选项卡、功能区、幻灯片或大纲窗格、幻灯片编辑区、备注编辑区等组成，如图 6-2 所示。

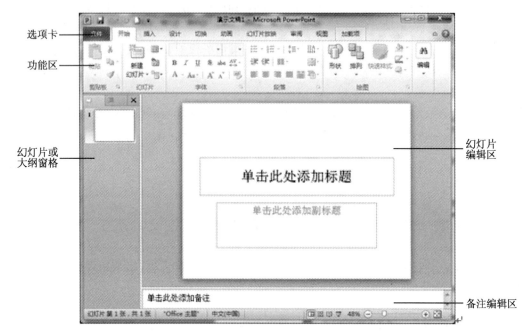

图 6-2　PPT 工作界面

1. 功能区

在 PPT 中，功能区代替了传统的下拉式菜单和工具条界面，用选项卡代替了下拉菜单，并将命令排列在选项卡的各个组中。在默认状态下，功能区主要包括"文件""开始""设计""切换""动画""幻灯片放映""审阅""视图"共 9 个选项卡。单击某选项卡按钮，即可将其打开，用户就可以查看和使用排列在各个组内的命令按钮。

2. 幻灯片或大纲窗格

幻灯片或大纲窗格包含"幻灯片"和"大纲"2 个选项卡。"幻灯片"选项卡显示了幻灯片的缩略图，当鼠标指针指向某个幻灯片的缩略图时，会出现该幻灯片标题的标题文字说明；"大纲"选项卡显示了幻灯片中的文本大纲。

3. 幻灯片编辑区

幻灯片编辑区是 PPT 窗口中最大的组成部分，它是进行幻灯片制作的主要区域。在此区域中可以向幻灯片中输入内容、编辑内容、设置动画效果等。

4. 备注编辑区

单击备注编辑区，可以直接输入当时正在编辑的幻灯片的备注信息，以备幻灯片放映时使用。

【任务实施】

子任务 1　创建、保存和打开演示文稿

步骤 1：启动 PPT，系统自动创建一个空白演示文稿。除了系统自动创建以外，还可以采用下面几种方法创建空白演示文稿。

(1) 在"快速访问工具栏"中单击"新建"按钮 。如果"快速访问工具栏"中没有"新建"按钮，可单击"快速访问工具栏"的下拉按钮，在出现的下拉列表中选择"新建"命令即可。

(2) 在功能区中单击"文件"选项卡，然后选择"新建"选项，弹出"可用的模板和主题"列表界面，选择"空白演示文稿"，单击"创建"按钮就创建了新的空白演示文稿，如图 6-3 所示。

(3) 按"Ctrl+N"快捷键可快速创建空白演示文稿。

〖小提示〗

在 PPT 工作界面中，除了采用以上方法建立空白演示文稿，还可以采用模板创建演示文稿。通过模板创建演示文稿有 3 个步骤：①切换到"文件"选项卡；②选择"新建"命令，弹出"可用的模板和主题"列表框，选择准备应用的模板类型，如"样本模板"（见图 6-4），再选择所需的样本模板，如选择"培训"模板；③单击"创建"按钮就创建了新的模板演示文稿。

图 6-3　创建空白演示文稿

图 6-4 "培训"样本模板

步骤 2：在"文件"选项卡中单击"保存"按钮，在弹出的对话框中输入文件名"员工培训"，如图 6-5 所示。

〖小提示〗

还可以单击"快速访问工具栏"中的"保存"按钮。

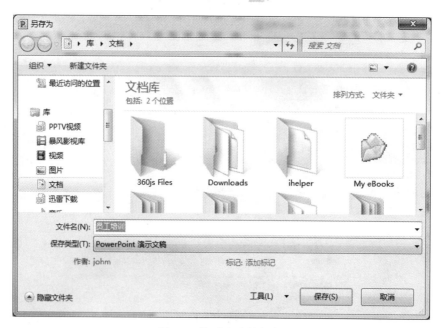

图 6-5 演示文稿的保存

步骤 3：单击"员工培训.ppt"演示文稿窗口右上角的"关闭"按钮，可退出 PPT 演示文稿。

〖小提示〗

对原来已经保存过的演示文稿再次进行修改，在退出时，会出现提示信息，提示用户进行保存，如图 6-6 所示。

图 6-6　提示保存信息

子任务 2　编辑幻灯片

幻灯片的编辑包括：新建幻灯片、删除幻灯片、移动幻灯片和复制幻灯片。

步骤 1：新建幻灯片。在"开始"选项卡中单击"幻灯片"功能组的"新建幻灯片"下拉按钮，在下拉列表中选择需要的幻灯片版式，如在"Office 主题"中选择"标题和内容"模板（见图 6-7）。

图 6-7　选择幻灯片版式

〖小提示〗

还可以按 Ctrl+M 快捷键快速创建幻灯片；或选择幻灯片后按 Enter 键，也可快速插入一张相同版式的幻灯片，标题幻灯片除外。

步骤 2：删除幻灯片。在工作界面左侧的"幻灯片或大纲窗格"中，选择要删除的幻灯片，按 Delete 键。

🔊〖小提示〗

还可以右击选中要删除的幻灯片,在弹出的快捷菜单中选择"删除幻灯片"菜单项,如图 6-8 所示。

图 6-8　删除幻灯片

步骤 3:移动幻灯片。通过拖动的方法移动幻灯片。在工作界面左侧的"幻灯片或大纲窗格"中,选择需要移动的幻灯片,按住鼠标左键不放并进行拖动,拖至目标位置后释放鼠标,可以看到所选择幻灯片的位置已经更改。

🔊〖小提示〗

还可以通过剪切和粘贴的方法移动幻灯片。在工作界面左侧的"幻灯片或大纲窗格"中,右击选择需要移动的幻灯片,在弹出的快捷菜单中选择"剪切"命令,在需要放置幻灯片的位置处右击,在弹出的快捷菜单中选择"粘贴选项"命令中的"保留源格式"图标,如图 6-9 所示,此时,可以看到所选择的幻灯片已经到目标位置。

步骤 4:复制幻灯片。在工作界面左侧的"幻灯片或大纲窗格"中,右击选择要复制的幻灯片,在弹出的快捷菜单中选择"复制"命令,在需要放置幻灯片的位置处右击,在弹出的快捷菜单中单击"粘贴选项"命令中的"保留源格式"图标,此时,可以看到所选择的幻灯片已经到目标位置。

项目六　PowerPoint 2010 演示文稿

图 6-9　移动幻灯片

子任务 3　在"员工培训"演示文稿中插入文本

文本是构成演示文稿的最基本的元素之一,是用来表达演示文稿的主题和主要内容的。

步骤 1:使用文本占位符。在文本占位符中可以输入幻灯片的标题、副标题和正文。可以调整占位符的大小并移动它们。默认情况下,PPT 会随着输入调整文本大小以适应占位符。在如图 6-10 所示的界面中,单击文本占位符,即可输入或粘贴文本。

步骤 2:使用文本框。当需要在文本占位符以外添加文本时,切换到"插入"选项卡,单击"文本"功能组的"文本框"下拉按钮,在下拉列表中选择"横排文本框"或"垂直文本框"命令,然后在幻灯片相应位置单击,输入相应文字,如图 6-11 所示,在第 2 张幻灯片中插入文本框。

◀))〖小提示〗

文本框还可以进行格式设置,选中需要设置格式的文本框,功能区将出现"绘图工具-格式"选项卡,可以通过"插入形状""形状样式""艺术字样式""排列""大小"等功能组来设置需要的格式。

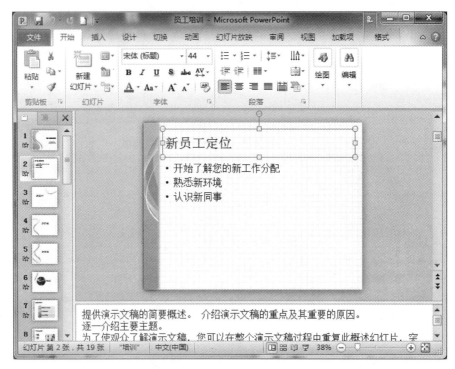

图 6-10 使用文本占位符输入内容

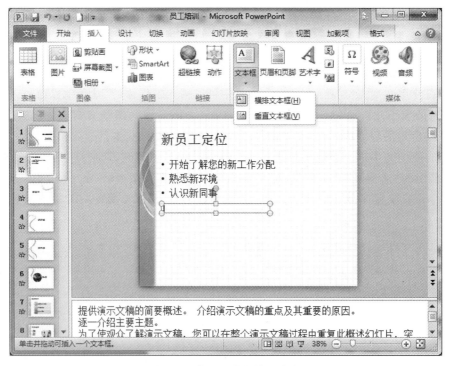

图 6-11 使用文本框输入内容

子任务 4 在"员工培训"演示文稿中插入图片和剪贴画

步骤 1:插入图片。选择需要插入图片的幻灯片,切换到"插入"选项卡,单击"图像"功能组的"图片"按钮,在弹出的"插入图片"对话框中,选择需要插入的图片,该图片则直接插入到幻灯片中,如图 6-12 所示。

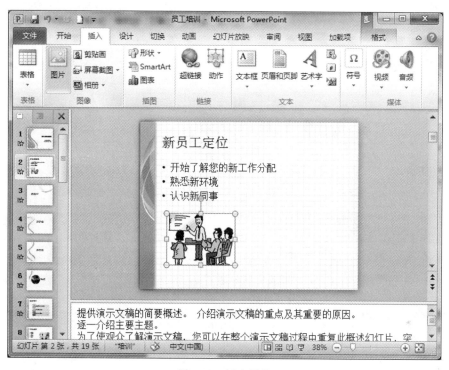

图 6-12 插入图片

步骤 2:插入剪贴画。选择需要插入剪贴画的幻灯片,切换到"插入"选项卡,单击"图像"功能组的"剪贴画"按钮,打开"剪贴画"窗格,在"搜索文字"文本框中输入关键字,然后单击"搜索"按钮,在任务窗格中显示所要搜索的剪贴画,单击需要插入的剪贴画,剪贴画则直接插入到幻灯片中,如图 6-13 所示。

子任务 5 在"员工培训"演示文稿中插入图表

步骤 1:选择需要插入图表的幻灯片,切换到"插入"选项卡,单击"插图"功能组的"图表"按钮,打开"插入图表"对话框。

步骤 2:选择好相应的图表样式后,单击"确定"按钮即可插入相应图表,如图 6-14 所示。此时自动打开标题为"Microsoft Office PowerPoint 中的图表"的 Excel 窗口,幻灯片中显示的是按照示例数据产生的图表,用户可以在此基础上根据需要输入数据。

🔊【小提示】

插入图表也可通过新建幻灯片中文本占位符中的"插入图标"按钮来完成。

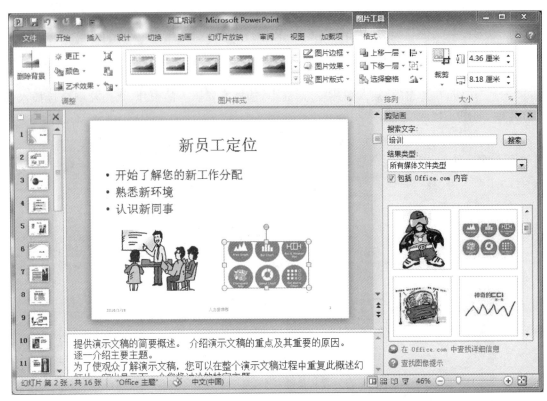

图 6-13 插入剪贴画

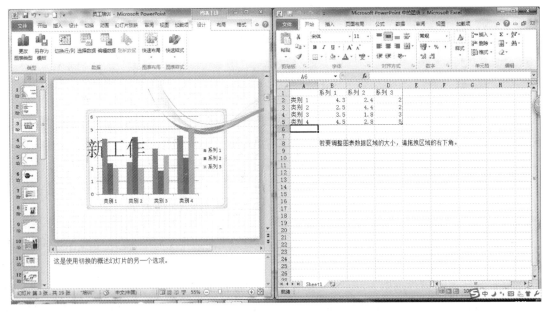

图 6-14 插入图表

子任务6 在"员工培训"演示文稿中插入声音和影片

步骤1:插入声音。选择需要插入声音的幻灯片,切换到"插入"选项卡,单击"媒体"功能组的"音频"下拉按钮,在弹出的下拉列表中选择"文件中的音频"命令,如图6-15所示,在弹出的"插入音频文件"对话框中选择要插入的声音文件,单击"确定"按钮,显示插入声音文件效果,如图6-16所示。

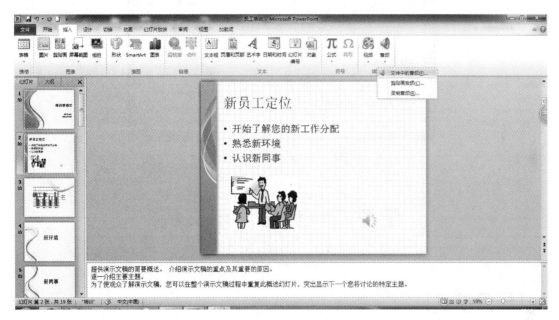

图 6-15　插入声音

图 6-16　声音文件按钮

步骤2:插入影片。选择需要插入视频的幻灯片,切换到"插入"选项卡,单击"媒体"组中的"视频"下拉按钮,在弹出的下拉列表中选择"文件中的视频"命令,在弹出的"插入视频文件"对话框中选择要插入的视频文件,单击"确定"按钮,显示插入视频文件效果。

🔊〖小提示〗

双击插入的视频文件,在"视频工具/格式"选项卡中有"预览""调整""修改视频文件样式""大小""排列"等功能组。

子任务7 在"员工培训"演示文稿中插入页眉和页脚

步骤1:打开需要插入页眉和页脚的演示文稿,切换到"插入"选项卡。

步骤2：单击"文本"功能组的"页眉和页脚"按钮，打开"页眉和页脚"对话框，勾选相应的"日期和时间""幻灯片编号"和"页脚"复选框，并单击"全部应用"按钮，如图6-17所示。

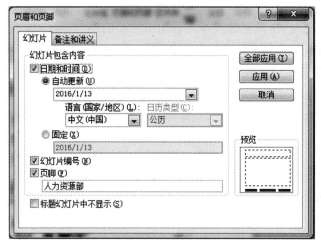

图6-17　插入页眉和页脚

任务二　美化演示文稿

【任务描述】

通过美化"员工培训"演示文稿，掌握如何设置幻灯片的主题、背景以及演示文稿的母版，同时掌握在演示文稿中如何设置统一风格的幻灯片等操作。

【相关知识】

一、主题

PPT中的主题是一组设置好颜色、字体、效果，以及图形外观的一个集合，即一个主题中结合了这几个部分的设置结果。通过设置幻灯片主题可以快速地对幻灯片进行美化和统一外观设置。同时，PPT为用户提供多种样式的主题，用户可以直接从中选择所需要的主题样式来设置幻灯片外观。

二、母版

母版是定义演示文稿中所有幻灯片页面格式（占位符、字体、图片等），方便用户进行全局更改，使演示文稿中的所有幻灯片具有一致的风格和格式。例如，如果希望在每张幻灯片的固定位置都显示"员工培训"，最简单的处理方法就是将其添加到幻灯片母版中，而不必逐页添加。

PPT 提供 3 种母版：幻灯片母版、讲义母版和备注母版。用户可以切换到"视图"选项卡，在"母版视图"功能组中分别选择"幻灯片母版""讲义母版"或"备注母版"命令，进入相应的母版视图。

1. 幻灯片母版

幻灯片母版用于设置幻灯片的样式，可供用户设定各种标题文字、背景、属性等，只需更改一项内容就可更改所有幻灯片的设计。

2. 讲义母版

讲义母版用于多张幻灯片打印在一张纸上的排版使用。讲义母版可以设置将多张幻灯片进行排版，然后打印在一张纸上。切换到"视图"选项卡，单击"母版视图"功能组的"讲义母版"按钮，可进入"讲义母版"视图。单击最右侧的"关闭母版视图"按钮，可返回原视图状态。

3. 备注母版

备注页是供演讲者使用的文稿，记录了演讲者在放映幻灯片时所要提示的一些重要内容。备注母版用来控制备注页的版式以及备注文字的格式，编辑具有统一格式的备注页。切换到"视图"选项卡，单击"母版视图"功能组的"备注母版"按钮，可进入"备注母版"视图。单击最右侧的"关闭母版视图"按钮，可返回原视图状态。

【任务实施】

子任务 1　设置"员工培训"幻灯片的主题

选中需要设置主题的幻灯片，切换到"设计"选项卡，单击"主题"功能组中准备应用的主题，如图 6-18 所示。此时，可以看到演示文稿中的所有幻灯片发生了变化，立即应用了选择的主题样式，达到了统一的效果。

〖小提示〗

同时，在"主题"功能组右侧还有设置主题颜色、字体和效果等的格式。

图 6-18 幻灯片主题设置

子任务 2　设置"员工培训"幻灯片的背景

步骤：选中需要设置背景的幻灯片，切换到"设计"选项卡，单击"背景"功能组的"背景样式"下拉按钮，在弹出的下拉列表中选择准备应用的背景，如图 6-19 所示。

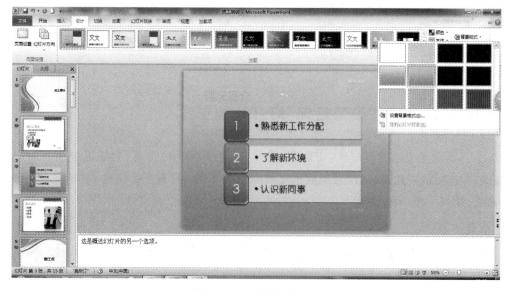

图 6-19　选择背景样式

◀))〖小提示〗

如果需要设置更多背景效果可以单击"背景对话框启动器"按钮,打开"设置背景格式"对话框,如图 6-20 所示。如果单击"重置背景"按钮仅改变当前选中的幻灯片背景,单击"全部应用"按钮则改变演示文稿中所有幻灯片的背景。

图 6-20 "设置背景格式"对话框

子任务 3 设置"员工培训"演示文稿母版

步骤 1:新建母版。切换到"视图"选项卡,单击"母版视图"功能组的"幻灯片母版"按钮,进入"幻灯片母版"视图。在图中左窗格最上方较大的一个为当前演示文稿中使用的幻灯片母版,其后若干个是与幻灯片母版相关的幻灯片版式,如图 6-21 所示。

◀))〖小提示〗

当指针指向某个版式时,系统会在指针旁显示该版式具体应用到了哪些幻灯片中。窗口主工作区显示的是,当前选择的幻灯片版式的编辑界面,在这里可以进行字体、主题、颜色、背景等设置。

步骤 2:复制母版。在"幻灯片母版"视图中,选择左窗格中需要复制的母版并右击,在弹出的快捷菜单中选择"复制幻灯片母版"命令,此时,可以看到立即在其下方显示了复制的母版,如图 6-22 所示。

步骤 3:删除母版。选择需要删除的幻灯片母版,在"幻灯片母版"选项卡中,单击"编辑母版"功能组的"删除"按钮;或者在幻灯片母版视图左窗口中,右击需要删除的幻灯片母版,在快捷菜单中选择"删除母版"命令。

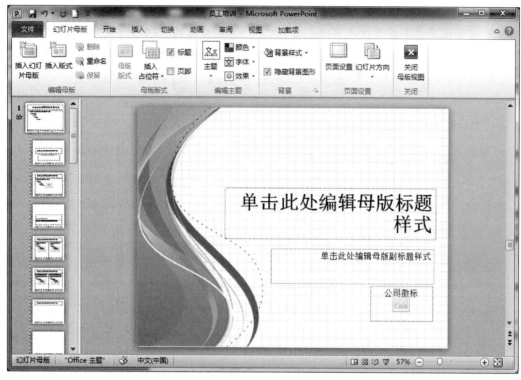

图 6-21 新建母版

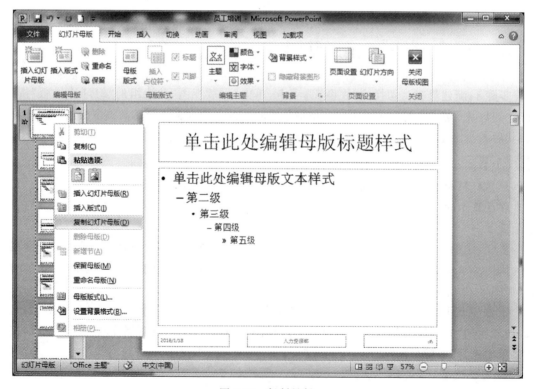

图 6-22 复制母版

任务三　演示文稿的特效制作

【任务描述】

通过"员工培训"演示文稿的特效制作,掌握如何设置幻灯片切换效果、动画效果以及超链接,同时掌握在演示文稿中如何设置动态、美观的幻灯片等操作。

【相关知识】

一、切换效果

幻灯片的切换效果是指两张连续的幻灯片之间的过渡效果,也就是从前面一张幻灯片转到下一张幻灯片时的效果。PPT为用户提供了多种幻灯片切换动画,用户可以根据需要直接选择切换动画,其中包括选择切换动画、切换声音、切换速度以及换片方法等。

二、动画效果

用户可认为幻灯片之间的切换设置效果,还可以为幻灯片中的对象添加动画,如添加对象进入和退出的动画效果,设置动画开始的时间、方向、速度,设置动画播放的声音效果,调整动画播放的顺序等。

三、超链接

除了添加动画能使演示文稿具有动态的效果外,还可以为演示文稿添加一些交互式的动作。任务三将介绍创建交互式的演示文稿,包括超链接到同一演示文稿的其他幻灯片、超链接到其他演示文稿的幻灯片、更改和删除超链接等内容。

【任务实施】

子任务1　"员工培训"幻灯片的切换效果设置

步骤1:选择切换动画。选择要添加切换效果的幻灯片,切换到"切换"选项卡,单击"切换到此幻灯片"功能组的"其他"按钮,在展开的库中选择所需要的切换动画,如图6-23所示,单击"效果选项"按钮,选择切换方向,如图6-24所示。此时,可以预览使用该切换动画的效果。

图 6-23　选择切换动画

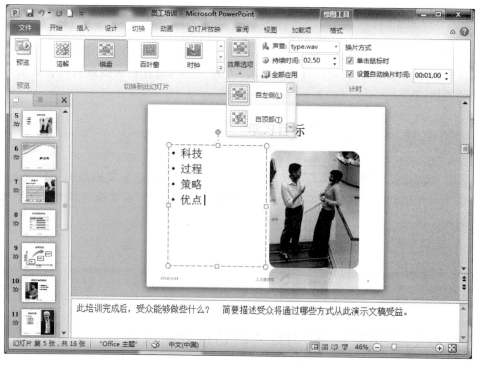

图 6-24　选择切换方向

步骤2：选择切换声音。单击"计时"功能组的"声音"下拉按钮，在弹出的声音效果列表中选择要添加的声音效果，如图6-25所示。

步骤3：选择切换速度。单击"计时"功能组的"持续时间"微调框，调整数值，数值越大切换速度越慢。

步骤4：选择换片方法。单击"计时"组中的"单击鼠标时"复选框，如果取消勾选，幻灯片会自动切换；否则，单击鼠标时切换。勾选"设置自动换片时间"复选框，可设置换片的时间长短，数值越大等待换片的时间越长，如图6-25所示。

图6-25　声音、速度及换片方法设置

子任务2　"员工培训"幻灯片的动画效果设置

步骤1：添加动画效果。选中需要添加动画效果的对象，切换到"动画"选项卡，单击"动画"功能组的"其他"按钮，打开自定义动画效果列表，有"进入""强调""退出"和"动作路径"等效果，如图6-26所示。

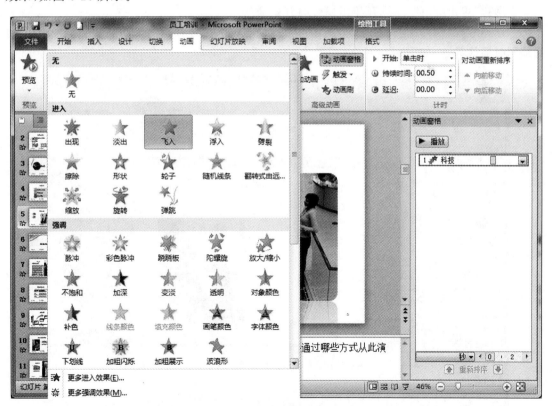

图6-26　选择动画效果

〖小提示〗

选择一种效果后,相应的对象旁会出现一个带有数字的矩形标志,表示该对象已经设定了动画,数字标号表示该对象在动画中的序号,也就是动画播放的顺序,如图 6-27 所示。同一个对象允许设置多个动画效果。

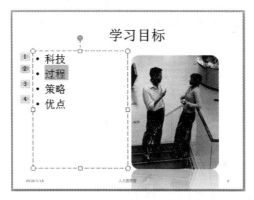

图 6-27　动画序号

步骤 2:设置动画开始时间。选中需要设置动画开始时间和速度的对象,切换到"动画"选项卡,单击"计时"功能组的"开始"列表框右侧的下拉按钮,在展开的下拉列表中可以选择动画的开始方式,包括"单击时""与上一动画同时""上一动画之后"3 种方式。

①选择"单击时"命令,则在单击鼠标时开始播放;

②选择"与上一动画同时"命令,则该对象的动画数字标号和上一张动画数字标号相同,也就是同时播放动画,如图 6-28 所示。

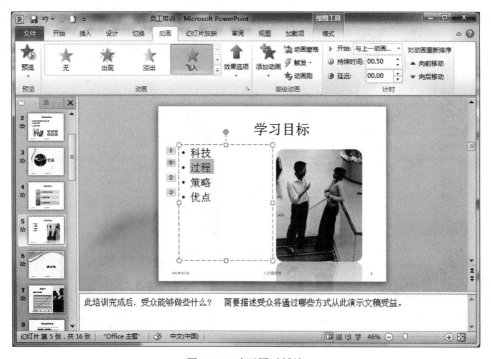

图 6-28　动画同时播放

③选择"上一动画之后"命令,在"延迟"文本框中输入距离上一动画之后多少时间开始播放,如图 6-29 所示。

图 6-29　上一动画之后播放

步骤 3:选择动画进入/退出的方向。单击"动画"功能组的"效果选项"下拉按钮,在展开的下拉列表中可以选择对象进入/退出的方向,如选择"自左侧"选项,使其从左侧进入幻灯片,如图 6-30 所示。

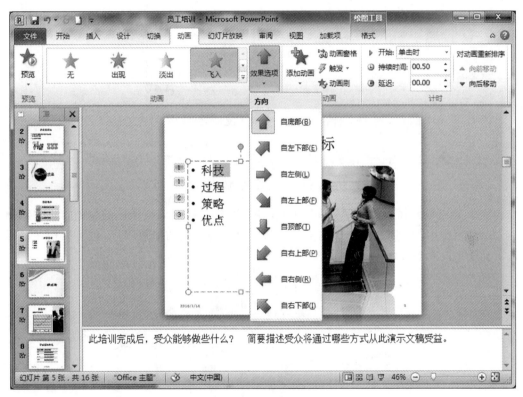

图 6-30　动画进入方向

步骤 4:设置动画播放时间。单击"计时"功能组的"持续时间"微调框,可以设置动画播放的时间(秒),设置的时间越长,播放的时间就越长。"延迟"微调框可以设置动画延迟多长时间播放,设置的时间越长,延迟播放时间就越长,如图 6-31 所示。

图 6-31　动画播放时间

步骤 5:设置动画播放的声音效果。单击"高级动画"功能组的"动画窗格"按钮。在"动画窗格"中,右击需要设置声音效果的动画,如右击设置了进入效果的动画,在弹出的快捷菜单中选择"效果选项"命令。在弹出的"飞入"对话框中,选择"效果"选项卡,单击"声音"列表框右侧的下拉按钮,在展开的下拉列表中选择所需要的声音,如图 6-32 所示。

图 6-32　设置动画播放的声音

步骤 6：调整动画播放的顺序。在"动画窗格"中,选择需要调整顺序的动画,单击"动画窗格"下方"重新排序"中的"向上"或"向下"按钮,可以调整动画的播放顺序,也可以按住鼠标左键拖动动画来改变播放顺序,如图 6-33 所示。

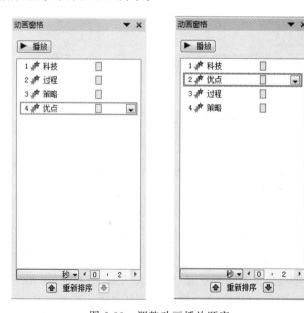

图 6-33　调整动画播放顺序

子任务3 "员工培训"幻灯片的超链接设置

步骤1:超链接到同一演示文稿的其他幻灯片。选中需要设置超链接的对象,切换到"插入"选项卡,单击"链接"功能组的"超链接"按钮;或右击要设置超链接的对象,选择"超链接"菜单项,在弹出的"插入超链接"对话框中,切换到"本文档中的位置"选项界面,在"请选择文档中的位置"列表框中选择需要链接的位置,单击"确定"按钮即可链接到同一演示文稿的其他幻灯片,如图 6-34 所示。

〖小提示〗

在播放幻灯片时,鼠标移动到超链接选项处,指针变成手形,单击该超链接即可打开。

图 6-34 "插入超链接"对话框

步骤2:超链接到其他演示文稿的幻灯片。选中需要设置超链接的对象,切换到"插入"选项卡,单击"链接"功能组的"超链接"按钮;或右击要设置超链接的对象,选择"超链接"菜单项,在弹出的"插入超链接"对话框中,切换到"现有文件或网页"选项界面,在"当前文件夹"或"最近使用过的文件"列表框中选择需要链接的位置,单击"确定"按钮即可链接到其他演示文稿的其他幻灯片,如图 6-35 所示。

图 6-35 超链接到其他演示文稿的幻灯片

步骤3:编辑超链接。右击选择需要编辑的超链接,在弹出的快捷菜单中选择"编辑超链接"菜单项,如图 6-36 所示。在弹出的"编辑超链接"对话框中,可以重新设置超链接的位置。

步骤4:删除超链接。右击选择需要删除的超链接,在弹出的快捷菜单中选择"取消超链接"菜单项,可以删除超链接,如图 6-37 所示。

图 6-36　编辑超链接

图 6-37　删除超链接

任务四　演示文稿的放映

【任务描述】

通过放映"员工培训"演示文稿,掌握如何设置幻灯片的放映、放映方式以及自定义放映,同时掌握在放映演示文稿中如何根据自身需要设置放映方式等操作。

【相关知识】

在完成演示文稿的制作后,就可以对其进放映了。为了使放映按照预先的计划顺序进行,放映前有必要统筹安排与设置放映选项,其中包括设置放映方式、设置自定义放映等。

【任务实施】

子任务:"员工培训"幻灯片的放映

步骤 1:幻灯片的放映。打开需要放映的演示文稿,切换到"幻灯片放映"选项卡,单击"开始放映幻灯片"功能组的"从头开始"按钮,如图 6-38 所示,可以立即进入幻灯片放映视图,并且从第一张幻灯片开始放映,如图 6-39 所示。如果单击"从当前幻灯片开始"按钮,则从所选择的当前幻灯片开始放映。

图 6-38　幻灯片放映按钮

图 6-39　从第一张幻灯片开始放映

【小提示】

如果要终止放映,可在放映界面右击,选择"结束放映"命令,或按 Esc 键,如图 6-40 所示。

步骤 2:设置放映方式。幻灯片放映方式包括"演讲者放映(全屏幕)""观众自行浏览(窗口)""在展台浏览(全屏幕)"3 种方式。选择需要设置放映方式的幻灯片,切换到"幻灯片放映"选项卡,单击"设置"功能组的"设置幻灯片放映"按钮,在弹出的"设置放映方式"对话框中,选择放映类型。如果需要循环放映,则勾选"放映选项"下的"循环放映,按 Esc 键终止"复选框,再单击"确定"按钮,如图 6-41 所示。

图 6-40 结束放映设置

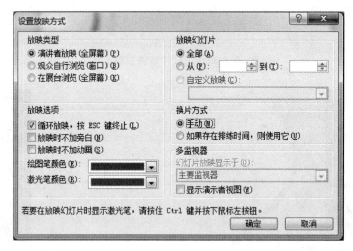

图 6-41 "设置放映方式"对话框

🔊〖小提示〗

在"换片方式"栏中,可以指定是"手动"放映还是使用"排练计时"。所谓"排练计时"是指,用户可以通过"排练"计算出每张幻灯片出现需要的讲解时间。PPT 能自动将该时间设置为该幻灯片播放时的停留时间,时间到后将自动切换到下一张。"排练计时"功能可以使演讲者无需对演示文稿做出任何干预,仅需专注于自己的演讲即可。

步骤 3:设置自定义放映。选择需要设置自定义放映的幻灯片,切换到"幻灯片放映"选项卡,单击"开始放映幻灯片"功能组的"自定义幻灯片放映"下拉按钮,在展开的下拉列表中选择"自定义放映"选项,如图 6-42 所示,在弹出的"自定义放映"对话框中,单击"新建"按钮,如图 6-43 所示。弹出"定义自定义放映"对话框,在"幻灯片放映名称"文本框中输入名称"员工培训总结",在"演示文稿中的幻灯片"列表框中选择要添加到自定义放映的幻灯片,并单击"添加"按钮。此时,所选择的幻灯片已添加到右侧的列表框中,如图 6-44 所示。

项目六　PowerPoint 2010 演示文稿

图 6-42　"自定义放映"按钮

图 6-43　"自定义放映"对话框

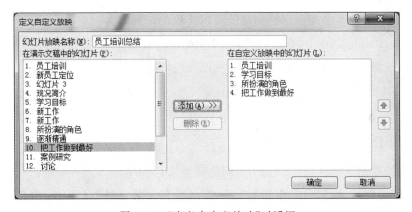

图 6-44　"定义自定义放映"对话框

〖小提示〗

在"在自定义放映中的幻灯片"列表框中,选择已添加的幻灯片,然后单击对话框右侧的"向上"或"向下"按钮,可以看到所选择的幻灯片已经调整了顺序。

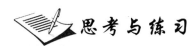

一、选择题

1. PowerPoint 2010 是用于制作(　　)的工具软件。
A. 文档文件　　　　　　　　　　　　B. 演示文稿
C. 模板　　　　　　　　　　　　　　D. 动画

2.用户创建的每一张演示单页称为(　　)。
A.旁白　　　　　　　　　　　　B.讲义
C.幻灯片　　　　　　　　　　　D.备注

3.下面对于幻灯片母版说法不正确的是(　　)。
A.可以复制幻灯片母版　　　　　B.可以删除幻灯片母版
C.可以添加幻灯片母版　　　　　D.不可以保留母版

4.在(　　)选项卡下可以为幻灯片设置切换效果。
A.开始　　　　　　　　　　　　B.切换
C.设计　　　　　　　　　　　　D.动画

5.关于幻灯片的放映说法错误的是(　　)。
A.从头开始放映　　　　　　　　B.从当前幻灯片开始
C.自定义放映　　　　　　　　　D.从最后一张开始

二、填空题

1.演示文稿的基本组成单元是_____。

2.PowerPoint 2010 应用程序所创建的演示文稿的扩展名为_____。

3.在 PowerPoint 2010 中,在放映时,若要中途退出播放状态,可按_____功能键。

4.要在占位符外的其他地方添加文字,可以在幻灯片中插入_____。

5.幻灯片放映方式包括_____、_____、_____3 种方式。

三、上机操作题

1.按以下操作要求制作《什么是 21 世纪的健康人》的 PPT。

(1)第一张幻灯片:以艺术字作为主标题,字体为华文彩云,字号为 40,内容为"什么是 21 世纪的健康人",副标题为"专家谈健康"。

(2)第二张幻灯片:一个文本框,文本框内有 1 段文字(内容自定,不少于 20 个汉字)和 2 个剪贴画(或图片),文字颜色为绿色,均带有动画效果,均设置成右侧飞入。演播顺序:自动显示第 1 个剪贴画;单击鼠标,显示文字;再次单击鼠标,显示第 2 个剪贴画。

(3)设置所有幻灯片切换效果为:"随机水平线条"。

2.按以下操作要求制作"中国的地效飞机"的 PPT。

(1)第一张幻灯片:主标题输入"中国的地效飞机",字体颜色为红色,字体为黑体,字号为 54。副标题内容为"演讲者:张三",字体颜色为蓝色,字体为楷体,字号为 44,文字动画设置为"从左下部飞入"。

(2)插入一张版式为"标题和内容"的新幻灯片,作为第二张幻灯片。

(3)输入第二张幻灯片的标题内容:"DF100 主要技术参数",文本框中(内容自定,不少于 20 个汉字)和一幅图片,文字为仿宋,字号为 32,适当调整图片的位置及大小。

(4)设置所有幻灯片的切换效果为"溶解"。

3.按以下操作要求制作"童年的回忆"的PPT。

(1)第一张幻灯片：主标题为"童年的记忆"，字体为隶书、大小为48，字体加粗；副标题为"多姿多彩"，字体为仿宋，字号为40，颜色为蓝色。

(2)第二张幻灯片：一个文本框，文本框内有2段文字（内容自定，不少于20个汉字）和2个剪贴画（或图片），文字为蓝色，均带有动画效果，均设置成水平百叶窗，演播顺序：自动显示第1个剪贴画，单击鼠标，等待1秒显示文字；再次单击鼠标，等待2秒显示第2个剪贴画。

项目七　计算机网络及安全基础

【引子】

计算机网络是计算机与网络通信技术相结合的产物。近年来,随着计算机技术及网络通信技术的迅猛发展,计算机网络在人们的生活和工作中得到广泛的应用。并且,计算机网络也在社会各个领域得到广泛普及。计算机网络的普及和应用推动了信息技术革命,加快了社会信息化的进程,使人们加速进入了信息化时代。计算机网络改变了人们认识世界的方法和手段,甚至也改变了人们的生活方式,由此可见,计算机网络在人们的生活中发挥着重要的作用。

【本章内容提要】

- ◇ 计算机网络的定义及功能
- ◇ 计算机网络的组成
- ◇ 计算机网络的体系结构
- ◇ 计算机网络的分类
- ◇ 互联网、内联网与外联网
- ◇ 计算机网络的安全问题
- ◇ 计算机病毒防范措施
- ◇ 防火墙

【理论知识】

理论知识点一:计算机网络的定义及功能

一、计算机网络的定义

计算机网络在 20 世纪 60 年代投入运行以来,经历了计算机终端网络、计算机通信网络、资源共享网络和高速计算机网络的发展阶段。不同的发展阶段,对计算机网络的定义也各不相同。确切地说:"计算机网络是用通信介质和设备将分散在不同地理位置上的具有独立功能的计算机、终端及其附属设备连接起来,按照网络协议进行数据通信,以实现信息传递和资源共享的系统"。

二、计算机网络的功能

1. 数据交换和通信

数据交换和通信是计算机网络的基本功能。网络中的计算机之间或计算机与终端之间可以实现快速地传递数据、程序或文件,并进行数据的通信。利用计算机网络的这种功能,可以将分布在不同地理位置上的计算机连接起来,进行数据的传输和传播。比如,当前应用较为广泛的电子邮件可以将相隔较远的不同用户进行信息传递;即时通信工具(QQ、MSN等)可以实现将不同地理位置的用户即时通信。

2. 资源共享

计算机网的很多资源是十分昂贵的,购置、维护、运行成本也是很高的,这就客观上不能为每个用户提供所有资源。因此,实现资源共享是计算机网络的主要目标之一。所谓资源共享是指网内的所有用户都能享受网上计算机系统中的全部或部分资源,这些资源包括硬件、软件和数据。比如,一些大型服务器、海量数据库、单位中大型绘图仪等特殊的外设,并不能为每个用户所拥有,但是可以使用计算机网络,将各种设备连接起来,从而为计算机网络上的所有用户提供资源共享的服务。资源共享还有一个很大的优点就是,可以使用户减少投资,并最大限度地利用有限的资源。

3. 提高系统的可靠性和可用性

可以使用硬件冗余的方法来提高网络中计算机的可靠性和可用性。计算机连成网络之后,各计算机可以通过网络互为后备,当一台计算机出现故障时,可以立即由计算机网络中的另一台计算机代替其完成所承担的任务。往往一些对计算机实时控制或实时性要求较高的网络系统需要系统能够保证网络的可靠性和可用性。比如,工业自动化生产线、电力控制系统、银行数据管理中心等这些特殊的网络系统中都要额外准备一台连接在网络中的计算机,一旦工作的计算机出现故障,就可以在很短的时间内保证整个系统的正常运行,以保证系统不间断地运行。

4. 分布式处理和均衡负载

在计算机网络中,可以对于综合性的大型问题采用合适的算法,将任务分散到不同的计算机上进行分布处理。这样既可以处理大型的任务,使某台计算机不会负担过重,又提高了计算机的可用性,起到了分布式处理和均衡负载的作用。

理论知识点二:计算机网络的组成

一、计算机网络的组成

计算机网络主要是用于通信的网络,其主要功能就是将各个计算机之间通过通信线路、通信设备进行数据通信;同时,在此硬件设备的基础上,通过各种网络软件共享组成计算机网络的硬件资源、软件资源和数据资源。所以从总体来讲,计算机网络是由硬件和软件组成的,但是按照计算机网络的整体功能上可以认为计算机网络是由两大部分组成的,一是资源子网,二是通信子网。通信子网主要实现计算机网络中各组成部分的数据通信,并将所需要的各种通信处理器和通信线路连接起来;而资源子网是实现处理数据的各计算机及各种终端设备之间的资源共享功能,如图7-1所示。

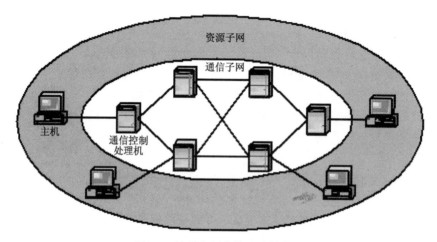

图 7-1 计算机网络的组成结构图

1. 资源子网

资源子网主要是指面向用户端的一些设备和系统,如服务器、打印机、扫描仪、提供特殊服务的设备(如故障收集计算机)、系统软件和应用软件等。资源子网主要负责整个网络中的数据处理,并向网络中的用户提供各种网络资源、网络服务和实现资源共享功能。它主要为网络中的数据提供处理和存储的功能。资源子网主要包括网络中的所有计算机、输入输出设备、各种终端设备、数据库服务器及网络协议和网络软件等,如图7-2所示。

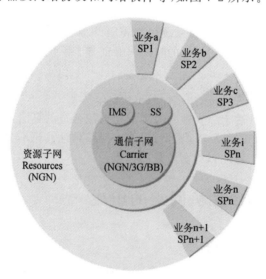

图 7-2 资源子网示意图

2. 通信子网

通信子网主要由通信设备、网络通信协议、通信控制软件等组成，主要是负责网络中数据的传输，并为网络中的用户提供数据的传输、转换和加工处理等，如图 7-3 所示。

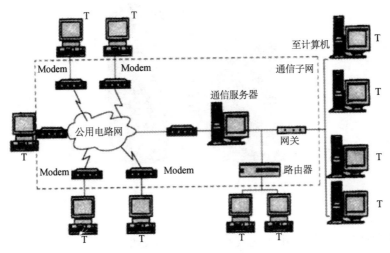

图 7-3　通信子网示例图

二、计算机网络的硬件设备

1. 服务器

服务器指一个管理资源并为用户提供服务的计算机软件，服务器是局域网的核心，它既是网络服务的提供者，又是保存数据的基地，如图 7-4 所示。通常，网络中可共享的资源大多集中在服务器中。按照服务器提供的服务可以分为文件服务器、数据库服务器和应用程序服务器。

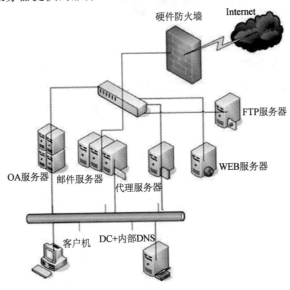

图 7-4　服务器系统示意图

服务器的构成及外形与微机基本相似,如图 7-5 所示。但是服务器是为网络上的所有用户服务的,在同一时刻可能有多个用户同时访问服务器,因此服务器应该具有较高的性能,主要体现在高速度的运算能力、长时间的可靠运行、强大的外部数据吞吐能力等方面。

图 7-5 服务器

2. 工作站

工作站往往被认为是一种配置比较高档的计算机,如图 7-6 所示。所谓其高档的配置主要体现在它通常配备高分辨且屏幕较大的显示器,配备大容量存储器,具有较强的数据处理能力,能够处理高性能的图形和图像,具有联网功能。

图 7-6 工作站

工作站是以个人计算机和计算机网络为基础的,并且能够为计算机网络中的用户提供专业领域的特殊应用功能,如大型工程项目的设计、动画制作、科学研究、金融系统的管理及信息服务等。在局域网上一般都是采用微型机作为网络工作站,终端也可以用作网络工作站。

网络工作站的作用就是让用户在网络环境下工作,并运行由网络上文件服务器提供的各种应用软件。在局域网上服务器一般只存放共享数据或文件,而对这些信息或文件的运行和处理则是由工作站来完成。

3. 传输介质

连接网络的基础就是要有传输介质,传输介质分为有线传输介质和无线传输介质,两种传输介质都能满足组建网络的要求和需要。常见的有线传输介质有光纤、同轴电缆和双绞线;无线传输介质主要是无线电波。

(1)光纤。光纤主要用于网络要求可靠性高、传输距离远的场合,因为光纤具有抗干扰性强、传输性好及不受网络监听的特点。光纤一般由纤芯、覆层和保护层 3 个部分组成,如图 7-7

所示。光纤的纤芯是由一根或多根较细的玻璃或塑料制成的绞合线或纤维组成。覆层包覆着每一根纤维,最外层是保护层,它主要用来保护光纤不被擦伤、压伤或其他外界的损害。

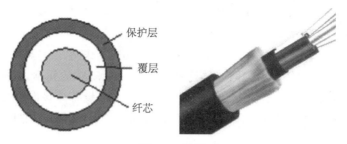

图 7-7　光纤

(2)同轴电缆。同轴电缆是局域网中最普遍使用的传输介质,如图 7-8 所示。它的中央是一根铜芯,铜芯的外面包裹着一层绝缘材料,绝缘层外面是屏蔽层,再往外就是保护层。正是由于同轴电缆具有屏蔽层,所以它对外界的抗干扰能力很强。

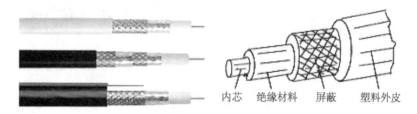

图 7-8　同轴电缆

(3)双绞线。双绞线是综合布线中常用的一种传输介质。双绞线是由两条相互绝缘的导线按照一定的规格相互缠绕在一起的通用传输介质,如图 7-9 所示。双绞线通常被称为网线。双绞线既可以传输模拟信号,也可以传输数字信号。根据双绞线是否含有屏蔽层,还可以将双绞线分为屏蔽双绞线和非屏蔽双绞线。往往屏蔽双绞线用于特殊场合,而非屏蔽双绞线被用于普通局域网组网。同时按照线径的粗细可以分为 3 类线、5 类线和超 5 类线。由于超 5 类线衰减小、抗干扰能力强而被人们在组网中普遍使用。

图 7-9　双绞线

(4)无线电波。无线电波是无线传输介质,它主要靠电磁波或光波来传输信息,其优点是,不用铺设有线线路就可以将不同的计算机或终端设备组成计算机网络,进行数据通信和资源共享。其表现形式主要为无线移动网络和无线 LAN 网络。比如,移动手机网络、家庭用无线路由器组件的网络,以及使用红外线或蓝牙传输数据等,都属于无线电波组网的应用。

4. 连接设备

网络连接设备是能将网络中的通信线路连接起来的各种设备。常见的网络连接设备有网卡、交换机、路由器、集线器等。

(1)网卡。网卡也称为网络适配器,是能够将计算机、工作站、服务器等设备与网络相连接的通信接口装置,如图 7-10 所示。网卡是计算机网络中最基本的元素,它插在计算机主板的插槽中,主要负责将用户要传输的数据转化为网络上的其他设备能够识别的格式,然后通过网络介质传输,没有网卡计算机就是孤立的,就不能与其他计算机通信。它的技术参数为带宽、总线方式、电气接口方式等。

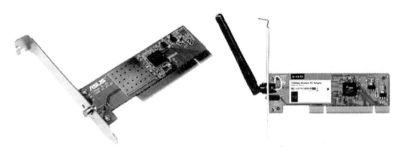

图 7-10 网卡

(2)交换机。交换机是用于电信号转发的网络设备,它能够为任意两个接入交换机的网络节点提供独享的电信号通路,如图 7-11 所示。交换机的传输模式有全双工、半双工模式。交换机的主要功能有物理编址、网络拓扑结构、错误校验、帧序列以及流量控制。

图 7-11 交换机

(3)路由器。路由器又称为网关设备,是用于连接多个单独的网路或者一个子网,如图 7-12 所示。当数据从一个子网传输到另一个子网时,可以通过路由器的路由功能来完成。路由器具有判断网络地址和选择路径的功能,它会根据信道的情况自动选择和设定路由,以最佳路径、按照顺序发送信号的设备。

(4)集线器。集线器属于数据通信系统中的基础设备,具有流量监控功能,如图 7-13 所示。集线器的主要功能是对接受的信号进行再生整形放大,以扩大网络的传输距离,同时能把所有节点集中在以它为中心的节点上。集线器工作在局域网环境中,应用于 OSI 参考模型第一层,因此又被称为物理层设备。

图 7-12　路由器　　　　　　　图 7-13　集线器

三、计算机网络的软件

网络软件是一种在网络环境下使用、运行或者控制和管理网络工作的计算机软件。根据网络软件的作用和功能，可把网络软件分为系统软件和网络应用软件。

1. 系统软件

系统软件是网络的核心，主要负责管理计算机系统中独立的硬件，协调各硬件更好地工作，实现硬件资源的合理利用。它在计算机操作系统的环境下工作，是计算机操作系统功能的扩展。计算机网络系统软件不仅指专门用于管理网络的各类操作系统，还包括操作系统的补丁程序和硬件驱动程序。常见的系统软件主要有以下几种。

(1)Unix系统。Unix操作系统是美国AT&T和SCO公司推出的，具有支持多用户、多任务和多种处理器架构的特点。Unix系统一般用于网络文件系统的管理，提供数据管理等应用，功能非常强大。当前常见的有Unix SUR 4.0、Unix SUR 4.2、HP-UX 11.0及SUN的Solaries 8.0等版本。由于Unix是采用命令的方式进行操作，所以其不适合初级用户的使用，因此Unix系统在小型局域网络中不被广泛采用，而主要用于大型计算机网络的管理。由于Unix系统的体系架构不合理，所以它在操作系统的市场占有率并不理想。

(2)Linux系统。Linux系统是一种自由设计和源码公开的类Unix操作系统。Linux具有高效性和灵活性，其模块化的设计思想，使它不仅能在工作站上运行，也能在个人机上实现全部的Unix特性。Linux系统的中文版本有RedHat、红旗Linux等，并且该系统操作灵活、安全性高、稳定性强，在国内很受欢迎。这类网络操作系统目前仍然用于大中型的服务器中。

(3)NetWare系统。NetWare操作系统对网络中的硬件要求较低，所以其主要应用于硬件设备较为落后的中小企业的局域网中。它的优势在于兼容DOS命令，并且便于无盘工作站的组件。当前常用的版本有V4.11、V5.0等中英文版本。但其应用空间和市场逐渐缩小，被Windows操作系统和Linux操作系统所取代。

(4)Windows系统。Windows系统不仅可以用于个人操作系统，而且也可以用于网络操作系统。一般在局域网的组建中常用Windows网络操作系统，常见的版本有Windows NT 4.0 Server、Windows 2000 Server/Advance Server、Windows 2003 Server/Advance Server及最新的Windows 2012 Server等。由于这类网络操作系统对服务器的要求较高，且还不稳定，所以其通常应用于中小型网络的组建。

2. 网络应用软件

网络应用软件是实现网络总统规划所确定的各项业务功能,实现网络服务和资源共享的一类以应用为主的软件。网络应用软件涉及的领域较为广泛,只要是基于网络应用的信息系统都可以看作网络应用软件,如银行的核算系统、军事指挥系统、航空管制系统等。通常,网络协议软件也被认为是网络应用软件的一种。

理论知识点三:计算机网络体系结构

网络中的通信是网络实体之间的通信,所谓网络实体是指在计算机网络中能够发送和接收信息的任何设备,如各类终端设备、网络应用软件、各种通信进程等。由于网络实体的硬件基础不同,所以网络实体之间的通信需要一定的规则和约定,从而为计算机网络实体间数据交换建立了一系列的规则、标准或约定。通常认为,网络协议是由语法、语义和时序3个部分组成。

所谓语义就是解释控制信息每个部分的意义。它规定了需要发出何种控制信息,以及完成的动作与做出什么样的响应。语义规定通信双方"讲什么"。所谓语法就是用户数据与控制信息的结构与格式。语法规定通信双方"如何讲"。所谓时序就是对事件发生顺序的详细说明。时序表示做的顺序。

计算机网络将多台计算机互联起来实现不同系统的实体通信,其过程相当复杂,所以协议的制定和应用通常采用高度结构化的分层设计方法。在分层结构中,每一层都是在下一层提供服务的基础上工作,并为上一层提供服务。各层功能上相互避免重叠,网络的这种分层结构与各层协议的集合就构成了计算机网络的体系结构。世界上第一个计算机网络体系结构式IBM公司在1974年提出的SNA,以后各公司也相继推出了各自的计算机网络体系结构。由于不同的计算机网络体系结构只支持不同的硬件产品,这不利于计算机网络的推广和发展。因此,国际标准化组织在综合各计算机网络体系结构的基础上,于1981年提出了开放系统互连参考模型(OSI)。但目前常用的计算机体系结构是 TCP/IP 协议,它是在国际标准化组织提出的 OSI 参考模型的基础上发展而来的,是实际应用的网络体系结构。

一、OSI 参考模型

OSI 参考模型将网络通信过程分成7层,由底层到高层分别为物理层、数据链路层、网络层、传输层、会话层、表示层和应用层,如图7-14所示。每一层在数据通信中的功能都是各不相同的。较底层通过层间接口向较高层提供服务,在层间接口中定义了服务请求的方式以及完成服务后返回的确认事项和动作。

1. 物理层

物理层在物理信道上传输原始的数据比特流,其作用是屏蔽掉计算机网路中各种具体物理设备和传输媒体的差异,向数据链路层提供一致的服务。

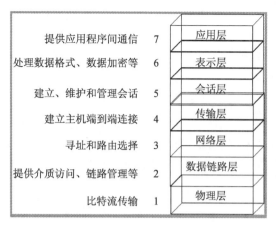

图 7-14　OSI 参考模型

2．数据链路层

数据链路层在物流层提供比特流服务的基础上，建立相邻节点之间的数据链路，并在数据传输过程中提供了确认、差错控制和流量控制等机制。

3．网络层

网络中的计算机进行通信时，中间可能要经过许多中间节点甚至不同的通信子网。网络层的任务是将上层来的数据组成包并在通信子网中选择一条合适的路径达到目的端，并负责路由控制、流量和拥塞控制。

4．传输层

传输层为上层提供端到端的透明的、可靠的数据传输服务。所谓透明的传输是指在通信过程中传输层对上层屏蔽了通信传输系统的具体细节。

5．会话层

会话层负责在网络中不同机器上的用户之间建立和维持通信。会话层虽然不参与具体的数据传输，但它却对数据传输进行管理。

6．表示层

表示层负责在不同的数据格式之间进行转换操作，以实现不同计算机系统之间的信息交换，如数据格式的转换、文本压缩（解压）和加密（解密）技术等。

7．应用层

应用层负责为用户或应用程序提供网路服务，管理和分配网络资源，如文件传输、电子邮件及网络管理等。

二、TCP/IP 协议

TCP/IP 是指传输控制协议/网际协议，又名网络通信协议，它是在国家标准化组织提出的 OSI 参考模型的基础上发展起来的，是计算机网络实际应用的体系结构，也是 Internet 最基本的协议。TCP/IP 协议定义了电子设备如何连入因特网，以及数据在它们之间如何传输的标准。TCP/IP 协议采用了 4 层的层级结构,与 OSI 7 层的结构体系比有很大的改进,便于实现,但在实现的功能上却是一致的。TCP/IP 协议的体系结构如图 7-15 所示,TCP/IP 协议的 4 层结构由底层到高层分别是网络接口层、Internet 层、传输层和应用层,每一层的功能都与 OSI 参考模型的各层相对应。

1. 网络接口层

主要定义物理介质的机械特性、电子特性、功能特性、规程特性等,并且负责接收 IP 数据报并通过网络发送,或者从网络上接收物理帧,抽出 IP 数据报,交给 IP 层。

该层常见的协议有 Ethernet 802.3、Token Ring 802.5、X.25、Frame relay、HDLC、PPP ATM 等。

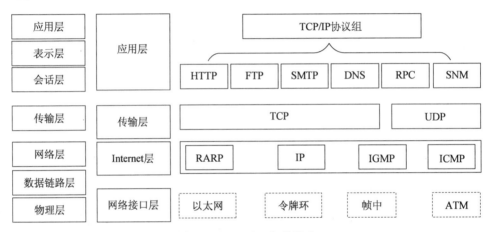

图 7-15 TCP/IP 参考模型

2. Internet 层

Internet 层也称为网络层或 IP 层,可为网络接受和传送包。网络层的协议主要有以下几种。

(1)IP(Internet Protocol)协议。IP 协议是网络层的核心,通常通过路由选择将下一条 IP 封装后交给接口层。IP 数据报是无连接服务。

(2)ICMP(Internet Control Message Protocol)协议。ICMP 是网络层的补充,可以回送报文。用来检测网络是否通畅。可以通过 Ping 命令发送 ICMP 的 echo 包,通过回送的 echo relay 进行网络测试。

(3)地址解析协议 ARP(Address Resolution Protocol)。ARP 是正向地址解析协议,通过已知的 IP,寻找对应主机的 MAC 地址。

(4)RARP(Reverse ARP)反向地址转换协议。RARP 是反向地址解析协议,通过 MAC 地址确定 IP 地址,如无盘工作站、DHCP 服务。

(5)IGMP(Internet Group Management Protocol)是 Internet 组管理协议,主要适用于主机与本地路由器之间进行组播成员信息的交互。

3. 传输层

传输层提供应用程序间的通信,主要负责格式化信息流、两个可靠传输。传输层通过"三次握手"的过程来完成和确认数据的发送,从而提供可靠的数据传输,如图 7-16 所示。传输层的主要协议有传输控制协议 TCP 和用户数据报协议 UDP。

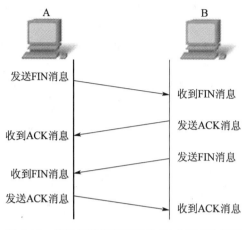

图 7-16 传输层数据通信的"三次握手"示意图

4．应用层

应用层主要向用户提供常用的应用程序，该层主要协议有以下几种。

(1)FTP(File Transfer Protocol)是文件传输协议，一般上传下载用 FTP 服务，数据端口是 20H，控制端口是 21H。

(2)Telnet 服务是用户远程登录服务，使用 23H 端口，使用明码传送，保密性差、简单方便。

(3)DNS(Domain Name Service)是域名解析服务，提供域名到 IP 地址之间的转换，使用端口 53。

(4)SMTP(Simple Mail Transfer Protocol)是简单邮件传输协议，用来控制信件的发送、中转，使用端口 25。

(5)NFS(Network File System)是网络文件系统，用于网络中不同主机间的文件共享。

(6)HTTP(Hypertext Transfer Protocol)是超文本传输协议，用于实现互联网中的 WWW 服务，使用端口 80。

三、IP 地址、网关和子网掩码的基本概念

1．IP 地址的基本概念

在现实的计算网络中，有成千上万台计算机，然而为了实现计算机网络中两台计算机间的数据通信，必须对其身份进行标志，然后根据这些标志对网络中的计算机进行定位。因此，人们为了实现网络中计算机间的数据通信和资源共享，都事先为其分配一个标志地址，该标志地址类似生活中的电话号码，人们把该标志地址称为 IP 地址。

按照 TCP/IP 协议的规定，当前所使用的 IPv4 的 IP 地址通常是由 32 位的二进制数组成的，并且在计算机网络中该 IP 地址是唯一的。例如，计算机网络中一台计算机的 IP 地址为：11001010 11000100 11101000 10100101。显然，32 位的 IP 地址对于任何人而言，记忆起来都是非常困难的，这不利于计算机网络技术的推广和使用。为了方便人们对 IP 地址的记忆，将

32位二进制的IP地址每8位分成一段,即将IP地址分成了4段,每段之间用小圆点隔开。在此基础上,将每段的二进制数转换成十进制数,这就是"点分十进制法"。按照此种方法,上述的IP地址可以表示成:202.196.232.165。同时还应注意到,每一段的IP地址,其十进制数的范围是0—255。也就是说,如果IP地址中有一段的二进制数是超过255的,那么这样的IP地址是不合法的。

计算机网络中的一台计算机可以有一个或多个IP地址,但是一个IP地址不能分配给计算机网络中的多台计算机。也就是说,网络中的两台计算机不可以共享一个IP地址。如果,有两台计算机共享一个IP地址,则会在计算机网络中引起异常,使得两台计算机均无法正常数据通信。

目前,计算机网络使用的IP地址为IPv4(IP地址的第4版本)格式,该版本的地址总数只有40多亿个。同时,由于历史的原因,当前的IPv4格式的IP地址分配极度不合理,使中国这样的网络发展起步较晚的国家,全国IP地址的总数不及北美一所大学,或者一个大公司所分配的IP地址多,这严重影响了IP地址分配较少国家的网络基础设施建设及网络的发展。另外,IPv6(IP地址的第6版本)被作为IPv4的替代版本,其IP地址用128位二进制数表示。IPv6提供的IP地址总数远远超过IPv4提供的IP地址总数,可以满足人们的需要,IPv6已成为计算机网络IP地址的发展趋势。

2. 网关的概念

网关类似于从一个房间到另一个房间的"门",即网关是从一个网络到另一个网络的"关口"。同时,网关也是不同网络(不同协议或者不同大小的网络)的通信设备。在数据通信过程中,网关不仅是本地网络的标记,还担任了数据"转换"的重任。即在计算机网络中,使用不同的网络通信协议、数据格式或者语言,甚至体系结构完全不同的两种系统之间进行通信数据的"转换"。网关既可以用于广域网,也可以用于局域网。

实际中,要实现计算机网络中的计算机可以进行数据通信,必须首先设置好网关的IP地址。网关的IP地址是具有路由功能的设备的IP地址。一般而言,路由器、启用路由协议的服务器、代理服务器等网络设备都属于具有路由功能的设备。因此,具有路由功能的设备将许多小的网络连接起来,实现大范围计算机网络的数据通信。

在实际的联网过程中,还需设置默认网关。所谓默认网关是,在联网过程中,一台主机如果找不到可用的网关,数据报就被默认地发给指定的网关,由此网关对数据报进行处理。通常,将主机使用的网关称为默认网关。同时,计算机网络中一台主机的默认网关必须正确设置,不可随意设置,否则网络中的数据报将发给不是网关的计算机,那么将无法实现网络中正常的数据通信。

3. 子网掩码的概念

子网掩码又叫网络掩码、地址掩码和子网络遮罩,它是由32位的地址组成。例如:A类地址默认的子网掩码是255.0.0.0;B类地址默认的子网掩码是255.255.0.0;C类地址默认的子网掩码是255.255.255.0。子网掩码主要用于屏蔽IP地址的一部分,以区别网络标志和主机标志。

子网掩码不能单独使用,它必须与IP地址结合使用,以判断网络中的主机是否在同一网络段内。同时,子网掩码可使有限的IP地址得到有效利用,以减少子网内地址的冲突情况。

4. 网络参数的设置

计算机网络中,联网的主机需要设置网络参数。网络参数主要包括 IP 地址、子网掩码、默认网关及域名(DNS)服务器地址。这些网络参数的设置主要有自动获取和手动设置两种。

一般以自动获取的方式设置网络参数,它主要是利用动态主机配置协议(DHCP)服务器给网络中的计算机各网络参数自动设置。这样,一旦 DHCP 服务器中相关设置发生变化,相应计算机的网络参数也随之发生更改。这种方式主要适合计算机网络规模较大,且网络参数经常发生变化的计算机。现实中,公共区域的网络计算机大多采取此种方式对网络参数进行设置。有时,为了实现对大规模计算机网络中的计算机网络参数进行管理和设置,通过安装 MS Proxy 之类的代理服务器软件的客户端程序,自动获取网络参数,其工作原理和方法与 DHCP 类似。

当计算机网络的规模不大,且网络参数不经常改变时,可以使用手动的方式对其网络参数进行设置。但当计算机发生迁移时,仍须手动更改网络参数,否则,迁移的计算机无法进行网络连接。

理论知识点四:计算机网络的分类

对于计算机网络类型的划分可以按多种标准进行,根据不同的划分标准计算机网络的类型也各不相同。目前,常见的分类方法有如下几种。

一、按网络的地理区域范围分类

1. 局域网(Local Area Network, LAN)

局域网是在有限的范围内(如一栋建筑、一个寝室、一个单位),一般是在方圆几千米以内,将计算机及其他终端设备,使用通信介质连接起来组成的通信网络,如图 7-17 所示。局域网的地理覆盖范围相对较小,可以实现小范围内的文件管理、软件共享、打印机共享和扫描仪共享等。

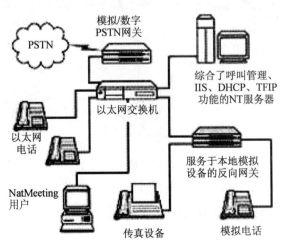

图 7-17 局域网示意图

2. 城域网(Metropolitan Area Network,MAN)

城域网的地理覆盖范围是一个城市,它属于宽带局域网,其主要的传输介质是光纤,如图7-18所示。一般城域网都是起到骨干网的作用,可以将一个城市中不同地理位置的计算机或其他网络设备连接起来。它与局域网的作用有很大的相似之处,但两者在实现方法及网络所表现的性能上有很大的区别。

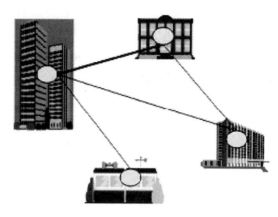

图 7-18　城域网示意图

3. 广域网(Wide Area Network,WAN)

广域网的地理覆盖范围最大,可以用来实现不同地区的局域网或城域网的互联,并且可提供不同地区、城市和国家之间的计算机通信,达到资源共享的目的,如图7-19所示。但广域网的数据传输速率较低,信号延迟比较明显。

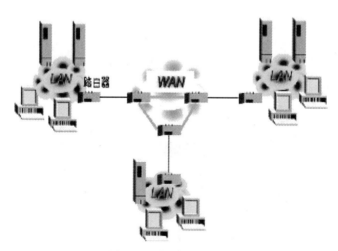

图 7-19　广域网示意图

二、按网络的拓扑结构分类

计算机网络拓扑结构就是将网络中的站点抽象成点,通信线路抽象成线来表示它们的集合排列形式,使人们对网络整体有明确的全貌印象。按照计算机的网络拓扑结构,可以将网络分为星形结构网络、树形结构网络、环形结构网络、总线型结构网络和网状结构网络。

1. 星形拓扑结构网络

在星形拓扑结构中,各节点均用一条单独的链路与中心节点相连,如图 7-20 所示。中心节点控制全网的通信,其他节点之间的通信必须要通过中央节点转发。星形拓扑结构的优点是结构简单,很容易增加新的站点,便于管理和维护。缺点是对中心节点的依赖性大,一旦中心节点有故障可能造成全网瘫痪。

图 7-20　星形拓扑结构网络示意图

2. 树形拓扑结构网络

在树形拓扑结构中,各节点形成了一个层次化的结构,信息在上下节点之间进行交换,如图 7-21 所示。树形拓扑就像倒置的树,顶端是树根,树根以下带分支,其结构可以对称,联系固定,具有一定的容错能力,一般一个分支节点的故障不影响另一分支节点的工作。

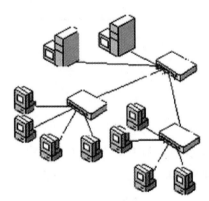

图 7-21　树形拓扑结构示意图

3. 环形拓扑结构

在环形拓扑结构中,是把所有的节点首尾相连成闭合环形,如图 7-22 所示。环网采用单向传输,点到点连接,其结构简单,传输延时确定,但是环中每个节点出现线路故障都可能造成网络瘫痪。另外,在环形拓扑中环节点的加入或退出过程比较复杂。

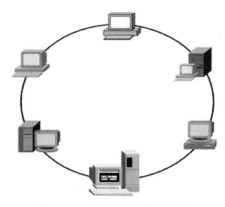

图 7-22　环形拓扑结构示意图

4. 总线型拓扑结构

在总线型拓扑结构中,采用一条公共线路将所有节点设备连接起来,一个节点设备发出的信息可以被网上的任何节点接收,因为只有一条信道,所以必须采用某种方法分配信道,如图 7-23 所示。总线型结构简单,扩展容易,但是实时性较差,总线的任何一点故障都会导致网络瘫痪。

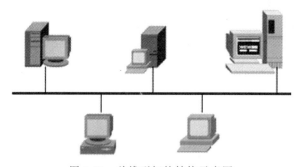

图 7-23　总线型拓扑结构示意图

5. 网状形拓扑结构

在网状形拓扑结构中,节点之间的连接是任意的,如图 7-24 所示。网状结构具有很高的可靠性;但网络结构复杂,必须采用路由选择算法和流量控制方法。

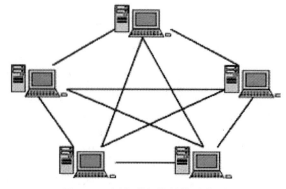

图 7-24　网状形拓扑结构示意图

三、按网络的传输技术分类

1. 有线网

有线网是采用同轴电缆、双绞线及光纤等有线传输介质连接起来的计算机通信网络。有线网是常用的一种网络连接形式,它组网比较经济,方法比较简单;但是传输率和传输距离有限。目前,组建有线网络对于骨干网而言,大多采用光纤,而接入网大多使用双绞线。

2. 无线网

无线网与有线网的功能是相同的,只是在进行数据通信和网络连接中所使用的传输介质是不同的。无线网既包括使用卫星、微波等无线形式来进行远程传输数据的网络,也包括在近距离内进行的红外线技术和射频技术。

理论知识点五:互联网、内联网与外联网

一、互联网——Internet

1. 互联网概述

互联网(Internet)是当今世界上规模最大、资源最丰富、开放的全球计算机网络,也称为因特网。1969 年,美国国防部的高级研究规划署自助建立了一个实验性网络,命名为 ARPANET,最初 ARPANET 网仅连接了美国 4 所大学的计算机,到 1976 年,该网的节点发展到 57 个,连接不同类型的计算机 100 多台。

ARPA 在 1982 年接受了 TCP/IP,选定 Internet 为主要的计算机通信系统,并把其他的军用计算机网络都转换到 TCP/IP。1983 年,ARPANET 分成两部分:一部分军用,称为 MILNET;另一部分仍称为 ARPANET,供民用。1989 年,ARPANET 解散,Internet 从军用转向民用。Internet 的发展引起了商家的极大兴趣。1992 年,美国 IBM、MCI、MERIT 三家公司联合组建了一个高级网络服务公司(ANS),建立了一个新的网络,叫做 ANSNET,成为 Internet 的另一个主干网。它与 NSFNET 不同,NSFNET 是由国家出资建立的,而 ANSNET 则是 ANS 公司所有,从而使 Internet 开始走向商业化。

1995 年 4 月 30 日,NSFNET 正式宣布停止运作。而此时 Internet 的骨干网已经覆盖了全球 91 个国家,主机已超过 400 万台。在最近几年,因特网更以惊人的速度向前发展,很快就达到了今天的规模。

我国 Internet 的发展始于 1986 年,当时我国中科院的部分科研单位,为了科研的需要使用电话拨号的方式,连接到欧洲一些国家的数据库,进行数据检索。1993 年 3 月,中科院高能所为使国外一些科研机构能够远程使用正负电子对撞机做高能物理实验,开通了一条 64 kbit/s 的国际数据通信信道。以上情况均是为了特殊的科研需要建立的专用网络,还不能称得上真正意义上的 Internet 网络,直到 1994 年 4 月,中科院计算机网络信息中心才正式成为世界上第 71 个加入 Internet 的成员单位。

随着我国对互联网基础设施的建设不断深化,目前我国已经建立并建成的互联网骨干网络主要有:中国公用计算机互联网(ChinaNet)、中国教育和科研计算机网(CERNet)、中国科技网(CSTNet)、中国金桥信息网(ChinaGBN)、中国联通互联网(UNINet)、中国国际经济贸易互联网(CIETNet)、中国移动互联网(CMNet)等。据中国互联网络信息中心(CNNIC)在北京发布的第 33 次《中国互联网络发展状况统计报告》中显示,截止到 2013 年 12 月,我国接入 Internet 网络的用户已高达 6.18 亿,互联网普及率已达 45.8%。

2. Internet 域名系统

在互联网中有成千上万台计算机,为了便于标志互联网中不同的计算机,并实现两台计算机间的信息通信,需要为互联网中的每一台计算机赋予一个身份识别码,这个身份识别码在计算机网络中被称为 IP 地址。目前,计算机网络使用的 IP 地址为 IPv4,采用的是一个具有 32 位的二进制数。根据 TCP/IP 的规定,它包含 3 个部分:地址类别、网络号和主机号。Internet 管理委员会采用的是"点分十进制"的方法表示 IP 地址。即 IP 地址被分成 4 个字节,每个字节用十进制表示,中间用点号"."分开,且每个字节的十进制数不超过 255。

按照网络规模的大小和使用目的,可以将 IP 地址分为:A 类、B 类、C 类、D 类和 E 类 5 种类型。其中,A 类地址第一字节的第 1 位为"0",其余 7 位表示网络号,其一般分配给具有大量主机的网络用户。B 类地址的第一字节数值范围是 128—191,其一般分配给中等规模的网络用户。C 类地址的第一字节数值范围为 192—223,其一般分配给小型局域网用户。D 类地址第一字节的前 4 位是"1110",用于组播(也称为多播)。E 类地址第一字节的前 4 位为"1111",该地址是为未来预留的,也用于实验,但往往不分配给主机。

然而,对于一个普通的计算机网络用户而言,这么长的二进制数是难以被记住的,这为用户方便地使用计算机网络带来较大的不便和麻烦。为了使用户能够在计算机网络中方便地标识和使用网络服务,TCP/IP 协议专门设置了一种以字符型为主的主机命名机制,这种以字符为主的主机名相对于二进制的 IP 地址而言,则便于记忆和使用,这种以字符为主的命名机制被称为互联网的域名系统。

对网络中的主机进行命名,最简单的方法就是为计算机网络中的每一台主机赋予一个字符串组成的名字,然后通过地址解析完成对主机的查找和确认,这种方法被称为"无层次命名机制"。这种机制看起来原理比较简单,但是实际实现起来却很复杂,其根本原因在于这种命名机制没有结构性特征。

随着计算机网络中主机的规模不断扩大,数量不断增加,主机命名面临着重名的可能性越来越大。为了解决这样的问题出现,Internet 采取了层次化的命名机制。所谓的"层次化"就是在为计算机网络中的主机进行命名时,采取了层次结构的方法,使主机名与层次型名字空间的管理机制的层次相对应。此命名机制保证了各层管理机构以及最后的主机在树状结构中被表示为节点,并用相应的标识符表示。

Internet 的域名系统是一个分布式主机信息数据库,该数据库是分层结构的,且整个数据库是一棵倒立的树形结构,如图 7-25 所示。由图 7-25 可知,树形数据库的顶部是根,根被以空标记的形式命名,但是在文本格式中要写成".",在该树中每一个节点代表整个域名系统的域,每一个域又可以划分为若干个子域。每一个域均被赋予一个域名,用来定义其在数据库中的位置。而在整个域名系统中,域名全称是从子域名向上直到根所有标记组成的字符串,各标记之间用"."隔开。

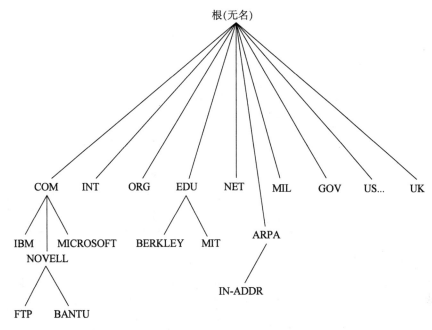

图 7-25 域名系统数据库示意图

层次型主机名可用如下的方式表示：主机名.本地名.组名.网点名。例如，一个主机的名为：www.dufe.edu.cn，则其表示为东北财经大学的一台主机的名字。

3. Internet 域名系统的规定

Internet 所用的层次命名机制被称为"域名系统"，简称 DNS。为了使该命名机制在全球范围内具有通用性，Internet 管理委员会制定了统一的标准代码作为一级域名，并在 1997 年增加了 7 个一级域名，如表 7-1 所示。

表 7-1 Internet 一级域名的代码及意义

域名代码	意义		域名代码	意义
COM	商业组织		FIRM	商业公司
EDU	教育机构	1997年增加的一级代码（7个）	STORE	商品销售企业
GOV	政府部门		WEB	与 WWW 相关的单位
MIL	军事部门		ARTS	文化和娱乐单位
NET	网络支持中心		REC	消遣和娱乐单位
ORG	其他组织		INFO	提供信息服务的单位
ARPA	临时 ARPA（未用）		NOM	个人
INT	国际组织			
<Country Code>	国家代码			

该域名系统的地理模式是按照国别地理区域划分所产生的地理型域名，该域名往往由两个字符组成，表示该域名的国家或地区的名称，表 7-2 所示的是一些国家或地区在域名系统中的代码。其中，中国的顶级域名为"CN"，二级域名分别是 6 个"类别域名"和 34 个"行政区

域名"。

表 7-2 国家或地区代码

地区代码	国家或地区	地区代码	国家或地区
AU	澳大利亚	JP	日本
BR	巴西	KR	韩国
CA	加拿大	MO	中国澳门
CN	中国	RU	俄罗斯
FR	法国	SG	新加坡
DE	德国	TW	中国台湾
HK	中国香港	UK	英国

4. Internet 的主要应用

(1)WWW 服务。WWW(World Wide Web)简称 Web,也称为"万维网",它是以 Internet 为基础运行在全球范围内的分布式信息系统。它通过 Internet 向用户提供超媒体的数据和信息服务,并把各类型的信息和服务集成起来,供用户查询和使用。

WWW 是以 HTML 和 HTTP 为技术基础的,能够为用户提供界面一致的信息浏览服务。它采用的是浏览器/服务器体系结构,主要由 Web 服务器和客户端浏览器两部分组成。服务器主要的工作是将各种信息按照超文本的方式组织起来,并存储在服务器的文件中,这些文件既可以存在一个服务器中,也可以存在地理位置相对分散的不同服务器上,并通过 URL (统一资源定位符)连接起来。浏览器是用户向服务器发送请求,并显示服务响应结果的主要工具。

(2)电子邮件服务。电子邮件在计算机网络中简称 E-mail,它是通过 Internet 实现不同用户之间快速进行信息通信和交互的现代化通信手段,是当前互联网用户使用最频繁的一种服务。在 TCP/IP 协议簇中,提供了两个电子邮件协议,分别是 SMTP 和 POP。SMTP 包括两个标准子集,分别是标准定义电子邮件信息的格式和传输邮件的标准。SMTP 协议主要负责服务器之间的邮件传送。对于 POP 而言,当前主要是 POP3,即 POP 协议的第 3 版。它的主要功能是将电子邮件服务器的邮件直接传送到用户计算机上,以供用户随时查看和下载邮件。

在互联网中,每一个用户的电子邮箱都拥有全球唯一的电子邮件地址,每台邮件服务器就是按照这个地址将邮件发到每个人的邮箱中去的。电子邮箱地址往往由用户名和邮件服务器的主机名组成,中间用"@"隔开,其格式如下:

电子邮件用户名@主机名.域名

例如,某台邮件服务器的主机名为 mail,该服务器所在的域名为 245.com,在该邮件服务器上有一个用户为 user111,那么该用户的邮件地址为:user111@mail.245.com。

(3)文件传输服务。文件传输服务提供了在互联网中任意两台计算机之间的文件传输机制,这是计算机网络用户获得大量数据资源的重要途径。但是,要实现两台不同地理位置上的计算机进行数据通信,必须获得 FTP 的支持。FTP 可以实现数据和文件的上传和下载功能。目前,许多公司、学校和机关单位都将大量的数据和文件存放在 FTP 服务器上,以供特定用户方便地获取数据或信息资源。由于 FTP 在传输文件时,不需将文件进行复制的转换,具有较高的效率。

除此之外,利用 FTP 还可以实现多种类型、结构和格式文件的传输;还可以对本地计算机和远程计算机的目录进行建立、删除目录、改变当前工作目录及打印工作目录等功能。

(4)远程登录服务。远程登录服务是互联网最早提供的基本服务功能之一。所谓远程登录就是用户使用 Telnet 命令,使自己的计算机暂时成为远程计算机的一个仿真终端的过程。一旦用户实现了远程登录服务,用户就可以在对方电脑上进行操作。

一般而言,互联网的远程登录服务主要可以实现以下功能:
- 允许用户在远程计算机上运行程序;
- 可以允许用户与运行在远程计算机上的程序进行交互;
- 可以使用户利用自己的个人计算机实现大型计算机才可以完成的任务。

(5)即时通信。ICQ 标志着即时通信应用的诞生。该软件是由 4 位以色列籍的年轻人在 1996 年 7 月成立的 Mirabilis 公司于 1996 年 11 月推出的,该软件是全世界第一个即时通信软件。当前,即时通信软件的使用及在线人数规模,日趋增长。可以这么说,即时通信是 WWW、电子邮件之后最重要的应用之一。目前,即时通信软件种类繁多,被广泛使用的主要有 QQ、MSN、飞信等。同时,在手机终端上使用的即时通信软件主要是微信。

相对于传统的电话、E-mail 等通信方式而言,不仅降低了通信成本,并且提高了通信的效率。随着即时通信软件的兴起,其即时通信的内容也在不断地发生变化,其内容由文字逐渐向图像、声音、图片等方向发展。另外,即时通信也实现了跨平台、跨网络间的数据通信。业内人士认为,即时通信打破了原来狭义的"网络"概念,正向更为广义的方向发展。

二、内联网——Intranet

内联网(Intranet)即内部网,是用网络技术将企业内部信息计算机化,实现企业内部资源共享的网络系统。内联网通常采用一定的安全措施与企业外部的因特网用户相隔离,对内部用户在信息使用的权限上也有严格的规定。

随着现代企业的发展越来越集团化,企业需要及时了解各地的经营管理状况、制定符合各地不同的经营方向,公司内部人员更需要及时了解公司的策略性变化、公司人事情况、公司业务发展情况,以及一些简单但又关键的文档,解决这些问题的方法就是联网,建立企业的信息系统。已有的方法可以解决一些问题,如利用 E-mail 在公司内部发送邮件,建立信息管理系统。Internet 技术正是解决这些问题的有效方法。利用 Internet 各个方面的技术解决企业的不同问题,这样企业内部网 intranet 诞生了。Intranet 使各行各业的企业从中受益,利用 Intranet 一定程度地解决了企业战略目标实现上的一些瓶颈问题,Intranet 能够为企业提供的服务包括以下项目。

(1)文件传送。基于 FTP(File Transfer Protocol)协议,企业员工可以在任意两台计算机间发送文件,使用 FTP,几乎可以传送任何类型的文本文件、二进制文件、图像文件、声音文件和数据压缩文件等。

(2)信息发布。企业所有的信息都可以在 Web 服务器上以 HTML 页面的方式发布,发布之后,企业内以及企业外所有对该信息有访问权的人都可以看到。

(3)管理和业务系统。它可以根据企业工作流程和管理特点建立,员工在浏览器上通过

Web 服务器来访问数据库、接受管理或了解业务信息。

（4）安全性管理。可以建立用户组，在每个用户组下再建立用户。对于某些需要访问权的信息，可以对不同的用户组或用户设置不同的读、写权限，对于需要在传输中保密的信息，可以采用加密、解密技术。

（5）网上讨论组。可以根据需要建立不同的讨论组，在讨论组中，可以对参加讨论组的人加以限制，只有那些对该讨论组有访问权的人才能访问这个讨论组。在讨论组中，企业员工可以自由地在网上发送信息、阐明观点或提出问题，进行相互交流和沟通。这种交流有利于企业获得更多的商业机会和商品信息，也有利于促进企业管理，提高生产力和增强竞争能力。

三、外联网——Extranet

随着企业业务的不断发展，不同企业之间的交换业务更加频繁，为了使企业与其贸易伙伴建立更为密切的联系，就可以使用基于互联网或其他公网设施构建的企业间专用网络通道，一般称为企业外联网。

因为外联网涉及不同企业的局域网，所以不仅要确保信息在传输过程中的安全性，更要确保对方企业不能超越权限，通过外联网连入本单位的内网。在电子政务领域，VPN 外联网经常应用于网上报税系统、企业审计监察、人大代表联网办公、海关电子报关、政府信息中心和各委办局单位信息中心的联网等系统中。

构建外联网，不仅要求能够实现外联单位间迅捷、安全的数据传输，而且需要能够对通过外联 VPN 通道的相互访问进行严格的访问控制，如限制协同单位通过外联 VPN 网络只能在协同的服务器间进行访问，其他的 PC 和服务器则无法通过 VPN 隧道访问到对方的内部网络。另外，由于不同单位的局域网网络地址没有办法像一个单位内部那样统一规划，所以经常出现地址冲突。如何在对用户透明（不需要用户改动原来的 IP 地址）的情况下，实现 VPN 互连互通，也是构建外联网时经常需要解决的问题。

理论知识点六：网络新技术简介

一、物联网技术

物联网最初叫做传感网，是由美国于 1999 年首次提出的。物联网的概念是在互联网概念的基础上发展而来的，它将互联网的用户端延伸并扩展到了任何物品与物品之间，实现物品和物品之间进行信息交换和通信的网络概念。物联网的核心技术是射频识别技术（RFID）及红外线感应器，并实现客观世界中任何物品通过互联网进行连接，从而进行数据通信和资源共享。因此，物联网的定义是：通过射频识别（RFID）、红外感应器、全球定位系统、激光扫描器等信息传感设备，按照相应的网络协议，把客观世界的任何物品通过互联网相互连接，进行数据通信、信息交换和资源共享，以实现对任何物品的智能化识别、定位、跟踪、监控和管理的一种网络概念。

2005 年 11 月 17 日，在突尼斯举行的信息社会世界峰会（WSIS）上，国际电信联盟（ITU）

发布的《ITU互联网报告2005：物联网》引用了"物联网"的概念。但是，物联网的定义和范围已经有了较大范围的拓展，不仅仅是基于RFID技术的物联网。2008年后，各国为了促进本国经济的发展和科技的进步，纷纷将目光聚集到了物联网技术。例如：2009年，欧盟提出要加强对物联网的管理并促进物联网的发展；2009年美国将新能源和物联网作为振兴经济的两大重点。与此同时，我国在此方面也不甘落后，2008年11月在北京大学举行的主题为"知识社会与创新2.0"的第二届中国移动政务研讨会上明确提出移动技术、物联网技术是新一代信息技术，其可带动经济的发展，以及社会形态和创新形态的变革。2009年8月，温家宝发表了"感知中国"的讲话，该讲话将我国的物联网领域的研究和应用开发推向了新高潮。同时，无锡也率先成立了"感知中国"研究中心，中国科学院、网络运营商及其他高校也纷纷在无锡建立了物联网研究院。为了推动物联网技术的发展，其被列入战略性新兴产业之一，写入了"政府工作报告"。可见，物联网在中国社会受到了极大的关注和重视，其程度远远超过了美国、欧盟及其他国家和地区。因此，物联网的概念已经演变成一个"中国制造"的概念，它的覆盖范围及发展程度与时俱进，这标志着物联网已经被贴上了"中国式"标签。

从物联网对经济发展的促进作用来看，其已经逐渐地成为我国经济发展的新生经济增长点，具有良好的市场效益和价值。据《2014—2018年中国物联网行业应用领域市场需求与投资预测分析报告》的统计数据表明：2010年物联网在安防、交通、电力和物流领域的市场规模分别为600亿元、300亿元、280亿元和150亿元；2011年，全国物联网产业规模超过了2 500亿元，2015年超过了5 000亿元。

物联网典型体系架构自上而下分为应用层、网络层和感知层。应用层提供了丰富的应用，将信息化需求与物联网技术结合，实现了智能化的解决方案。应用层上丰富的应用开发的成功关键在于行业融合、信息资源的开发利用、低成本高质量的解决方案、信息安全的保障及有效商业模式的开发。网络层是物流网中标准化程度最高、产业化能力最强、发展最成熟的部分，其基础是覆盖范围比较广泛的移动通信网络。该层技术的关键在于根据物联网应用特征进行系统地优化和改造，以形成系统感知网络。感知层是物流网技术的最底层，也是物联网中的关键技术，其需要在标准化、产业化方案方面进行突破，进而提升物联网的全面感知能力。该层技术的关键在于具备更精确、更全面的感知能力，同时解决低功耗、小型化和低成本的问题。

物联网技术主要有四大技术相互支撑，并形成相应的业务群。其相互支撑的四大技术如图7-26所示。

RFID属于智能卡的一类，是一种传感器技术，其融合了无线射频技术和嵌入式技术，是以上两种技术的融合体。RFID技术在物联网中主要起到"使能"作用，其在自动识别、物品物流管理方面有着广阔的应用前景。

传感网主要是由一个个的传感器组成的传递数据信号的网络。传感器是将客观世界中可测的物理信息转换为电信号的装置，比如，将温度、压力、湿度、速度及光照强度等物理信息转化为电信号。通过传感网络可实现对所需信息的

图7-26 物联网四大支撑技术

采集，并将采取的信息通过网关终端进行聚合，再通过无线网络传递到指定的应用系统。传感器还可以通过ZigBee与蓝牙等技术实现与传感器网关有效通信的目的。

M2M 平台具有一定的鉴权功能，因此可为用户提供必要的终端服务管理。对于不同的接入方式，其都可以顺利地接入 M2M 平台，从而可以实现不同网络平台之间的数据传输。M2M 在国外用得比较多，其主要侧重于末端设备的互联和集控管理。另外，两化融合主要是指工业信息化和自动化。工业信息化是物联网产业的主要推动力之一，同时自动化也是物联网的主力，但是自动化在物联网中并没有得到较广泛地推广。

二、云计算

云计算通常通过互联网对用户提供动态的、易扩展的虚拟化资源。可见，云计算的基础是互联网，并提供互联网增值服务。云计算中的"云"是对网络及互联网的一种比喻的说法。通过云计算可以实现每秒 10 亿次运算，如此强大的运算能力，可对核爆炸、气象预测和市场发展趋势进行模拟。同时，用户也可以通过个人电脑、笔记本和手持终端设备等途径接入云端，按照用户的需求进行运算，其示意图如图 7-27 所示。

图 7-27 云计算示意图

其实，云计算的云端实质上代表了互联网，通过网络的计算能力，取代原来安装在计算机及手持终端设备上的应用软件，而是通过网络来进行各种工作，并将数据资源和服务资源存放在网络上庞大的虚拟空间里。通过网络服务、网络线路，借助浏览器去浏览并请求云端的数据资源和服务资源，从而得到相应的计算服务和数据资源。所以，云计算使大量的计算服务分布在不同地理位置的计算机或服务器上，当用户需要某个应用或服务时，可以自由地切换到相应的资源上，并根据需求访问分布式计算机或服务器。

目前，对云计算的定义，众说纷纭，但人们比较能够接受的定义是美国国家标准与技术研究院(NIST)的定义：云计算是一种按照使用量付费的模式，这种模式提供可用的、便捷的、按需的网络访问，进入可配置的计算资源共享池(资源包括网络、服务器、存储、应用软件、服务等)，这些资源能够被快速提供，只需投入很少的管理工作，或与服务供应商进行很少的交互。由此可知，云计算技术可以实现将计算能力成为一种可以流通的商品，并通过互联网进行传输。

目前为止，能够被普遍接受的云计算的特点如下：

(1)超大规模。云计算技术中的"云"就意味着规模是比较大的。例如：Google 公司的云计算拥有 100 多万台服务器；Amazon、IBM、微软和 Yahoo 等也拥有几十万台服务器不等。因此,大规模的"云"使得用户拥有超强的计算能力。

(2)虚拟化。云计算实现了分布式计算机或服务器的计算能力和资源整合,使不同地理位置的用户可以获得更强的运算能力和更多的计算资源。云计算技术中的"云"并不是以有形的实体存在的。在实际的应用过程中,用户并不需要知道自己所需的服务的具体位置,只需要通过计算机网络与提供服务的服务器或计算机建立连接,就可以实现超级计算的任务。

(3)高可靠性。云计算在提供计算服务时,使用了大量的数据副本,通过多副本容错、计算节点同构可互换等措施来保障服务的高可靠性,从而使云计算比使用本地计算机更可靠。

(4)通用性。云计算并不对数据的使用进行特定的规定和定义,只是在"云"的支撑下构造出更多的应用,使得同一个"云"可以同时支持不同的计算服务应用运行。

(5)高扩展性。云计算的"云"的规模并不是固定不变的,而是可以动态变化和伸缩的,当用户及应用需求的规模变化时,云的规模也在不断地根据需要进行变化。

(6)按需服务。由于云计算的"云"的规模较大,提供的服务较多且复杂,用户并不需要所有的服务。所以,云计算的资源可以按用户需求提供,并根据需求对用户收费。

(7)成本较低。"云"具有特殊的容错能力和措施,因此其可以采用成本较低的节点构造云。同时,"云"的自动化集中式管理使大量企业无需负担高昂的数据管理成本,且"云"的通用性使"云"的资源利用率大大提高。因此,往往使用云计算的用户,其费用都是较低的,效率却可以大幅提高。

(8)具有潜在的危险。云计算不仅提供计算服务,还为用户提供数据的存储服务。云计算对数据的存储往往是存储在私人提供的存储服务器上,那么存储在私人提供的存储服务器上的数据,就存在一定的安全威胁。特别是政府机构、具有敏感数据的商业机构,他们的数据如果存在云端,则是不可控的,会带来较大的危险和危害。因此,需要对数据保密的机构和部门,在使用云计算存储数据时,必须考虑数据的安全性。

理论知识点七:计算机网络的安全问题

一、物理安全

物理安全又称为实体安全。所谓的物理安全是指关于计算机网络中的传输介质、网络设备及机房设施等装置的安全及管理制度。计算机网络的物理安全主要涉及计算机网络硬件设备的防盗、防火、防静电、防雷击和防电磁泄漏等安全问题。

物理安全是整个网络系统安全的基础,物理安全的代价是非常高的,经常力求通过使用比较廉价的技术把物理安全的成本降到最低。计算机网络的物理安全主要包括以下几个方面。

(1)环境安全。环境安全是计算机网络及计算机网络设备所处的环境的安全。主要是计算机的场地和机房的安全。

(2)设备安全。设备安全主要是指计算机网络中设备的防盗、防火、防电磁泄漏、防止线路截获、防电磁干扰及电源保护等。

(3)媒体安全。媒体安全主要是指存储媒体上数据的安全及存储媒体自身的安全。

二、计算机操作系统与联网安全

1. 计算机操作系统安全

计算机操作系统安全就是用各种技术手段和方法来增强系统的合理安全策略、降低系统的脆弱性。因为计算机操作系统要对计算机资源和输入输出进行综合的管理，并完成计算机与用户之间的相互交互。计算机操作系统的安全问题对存储在计算机内的信息和数据具有重要的意义。

当前计算机系统越来越先进，功能也越来越丰富，但是计算机系统中存在的漏洞也对计算机系统安全的影响越来越大。因此，如果对计算机系统安全不进行集中管理，那么相应地就会增加维护计算机安全的成本和计算机使用的风险。实践表明，多数的计算机入侵问题都是由于对计算机操作系统没有合理部署和配置的结果。要加强计算机网络中操作系统的安全，需要从以下3个方面入手。

(1)应该集中对网络上的服务器进行统一配置。网络配置完毕后，管理员要核实完全策略的执行情况，对用户的访问权限进行定义，以确保所有配置正常运行。

(2)集中管理账户，控制对网络的访问，确保用户拥有合理的资源访问权限。集中部署操作系统的策略、规则和决策，然后为用户配置合理的身份和许可权限。

(3)保证操作系统能轻松、高效地监控网络活动，并及时发现网络中操作系统的安全问题。

2. 联网安全

联网安全是指在计算机联网后操作系统的安全及计算机内部信息的安全。计算机的联网安全主要包括以下3个方面。

(1)联网的计算机要采取相应的措施确保计算机不会受到各种各样的病毒侵袭。

(2)使用访问控制措施，保证计算机网络中的信息不被其他非法用户访问。

(3)通信安全服务，保证网络中的数据的完整性、安全性及正确性。

三、病毒攻击

计算机病毒指编制者在计算机程序中插入的破坏计算机功能或者破坏数据，影响计算机使用并且能够自我复制的一组计算机指令或者程序代码。

病毒不是来源于突发的原因。计算机病毒的制造来自于一次偶然的事件，那时的研究人员为了计算出当时互联网的在线人数，然而它却自己"繁殖"了起来，导致了整个服务器的崩溃和堵塞。有时一次突发的停电和偶然的错误，会在计算机的磁盘和内存中产生一些乱码和随机指令，这些代码是无序和混乱的。病毒则是一种比较完美、精巧严谨的代码，病毒作者将这些代码按照严格的秩序组织起来，与所在的系统网络环境相适应和配合。病毒不会通过偶然形成，它需要有一定长度，这个基本的长度从概率上来讲是不可能通过随机代码产生的。现在流行的病毒是由人为故意编写的，多数病毒可以找到作者和产地信息，从大量的统计分析来看，病毒是一些天才的程序员为了表现自己和证明自己的能力，出于对上司的不满，为了好奇，为了报复,为了祝贺和求爱,为了得到控制口令,为了软件拿不到报酬等预留的陷阱。当然也有因政治、军事、宗教、民族、专利等方面的需求而专门编写的,其中也包括一些病毒研究机构和黑客的测试病毒。

四、黑客攻击

黑客最早源自英文 hacker,早期在美国的计算机界是带有褒义的,但在媒体报道中,黑客往往指那些"软件骇客"(software cracker)。黑客原指热心于计算机技术,水平高超的计算机专家,尤其是程序设计人员,但到了今天,黑客泛指那些专门利用计算机网络搞破坏或恶作剧的家伙。对这些人的正确英文叫法是 Cracker。

黑客最早开始于 20 世纪 50 年代,最早的计算机于 1946 年在宾夕法尼亚大学诞生,而最早的黑客出现于麻省理工学院,贝尔实验室也有。最初的黑客一般都是一些高级的技术人员,他们热衷于挑战,崇尚自由并主张信息的共享。

1994 年以来,因特网在全球的迅猛发展为人们提供了方便、自由和无限的财富,政治、军事、经济、科技、教育、文化等各个方面都越来越网络化,并且逐渐成为人们生活、娱乐的一部分。可以说,信息时代已经到来,信息已成为物质和能量以外维持人类社会的第三资源,它是未来生活中的重要介质。随着计算机的普及和因特网技术的迅速发展,黑客也随之出现了。

黑客攻击的主要方法如下:

(1)收集网络系统中的信息。信息的收集并不对目标产生危害,只是为进一步的入侵提供有用的信息。黑客可能会利用公开协议或工具,收集驻留在网络系统中的各个主机系统的相关信息。

(2)探测目标网络系统的安全漏洞。在收集到一些准备要攻击目标的信息后,黑客会探测目标网络上的每台主机,以寻求系统内部的安全漏洞。

(3)建立模拟环境,进行模拟攻击。根据所得的信息,建立一个类似攻击对象的模拟环境,然后对此模拟目标进行一系列的攻击。在此期间,通过检查被攻击方的日志,观察检测工具对攻击的反应,可以进一步了解在攻击过程中留下的"痕迹"及被攻击方的状态,以此来制定一个较为周密的攻击策略。

(4)具体实施网络攻击。根据获得的信息,结合自身的水平及经验,总结出相应的攻击方法,在进行模拟攻击的实践后,等待时机实施真正的网络攻击。

理论知识点八:计算机病毒防范措施

计算机病毒是一段特殊的计算机程序,这段程序对正常的计算机及正常的计算机使用具有破坏作用。与医学上的"病毒"不同,计算机病毒不是天然存在的,是某些具有不良企图的人利用计算机软件和硬件所固有的脆弱性编制的一组指令集或程序代码。它能通过某种途径潜伏在计算机的存储介质(或程序)里,当达到某种条件时即被激活,通过修改其他程序的方法,将自己精确拷贝或者以可能演化的形式放入其他程序中,从而感染其他程序,对计算机资源进行破坏。

目前,对计算机病毒还没有明确的、统一的定义。《中华人民共和国计算机信息系统安全保护条例》将病毒定义为"编制者在计算机程序中插入的破坏计算机功能或者破坏数据,影响计算机使用并且能够自我复制的一组计算机指令或者程序代码"。一般计算机病毒具有可复制性、破坏性、传染性、潜伏性、隐蔽性和可触发性等特点。

一、计算机病毒的分类

有数据表明,在计算机网络中每天都会出现几十种,甚至上百种新型的计算机病毒。对于如此多的计算机病毒,只有对计算机病毒按照不同的特点和特性进行分类,才能掌握每种病毒的特征。由于计算机病毒的分类标准和方法不同,所以计算机病毒的分类方法也有很多。因此,同一种病毒可能有多种不同的分法。常见的计算机病毒分类有按破坏性划分、按传染方式划分、按连接方式划分等。

1. 按破坏性划分

(1)良性计算机病毒。良性计算机病毒是指不包含有立即对计算机系统产生直接破坏作用的代码。这类病毒为了表现其存在,只是不停地进行扩散,从一台计算机传染到另一台计算机,并不破坏计算机内的数据。有人对良性病毒并没有引起足够的重视,但病毒的良性和恶性都是相对而言的。即使良性病毒对计算机性能不产生直接的影响和破坏,但在良性病毒取得系统控制权后,仍会导致整个系统运行效率降低,系统可用内存总数减少,使某些应用程序不能运行。有时系统内还会出现几种病毒交叉感染的现象,一个文件不停地反复被几种病毒所感染。例如,原来只有 10 KB 的文件变成 90 KB,就是被几种病毒反复感染了数十次。这不仅消耗掉大量宝贵的磁盘存储空间,而且整个计算机系统也由于多种病毒寄生于其中而无法正常工作。因此也不能轻视所谓良性病毒对计算机系统所造成的损害。

(2)恶性计算机病毒。恶性计算机病毒就是指包含有损伤和破坏计算机系统的操作,在其传染或发作时会对系统产生直接的破坏作用的代码,如米开朗基罗病毒。当米氏病毒发作时,硬盘的前 17 个扇区将被彻底破坏,使整个硬盘上的数据无法被恢复,造成的损失是无法挽回的。有的病毒还会对硬盘做格式化等破坏。这些操作代码都是刻意编写进病毒的。因此这类恶性病毒相当危险,应当注意防范。

(3)极恶性病毒。极恶性病毒往往会造成计算机系统崩溃或死机,可以删除普通程序或系统文件,并且破坏系统配置导致系统无法重启。这种病毒对系统造成的危害并不是本身算法的调用,而是其在传染的过程中引起的无法预料的灾难性的破坏。

2. 按传染方式划分

(1)引导型病毒。引导型病毒是指寄生在磁盘引导区或主引导区的计算机病毒。此种病毒利用系统引导时,不对主引导区的内容正确与否进行判别的缺点,在引导型系统的过程中侵入系统,驻留内存,监视系统运行,待机传染和破坏。

按照引导型病毒在硬盘上的寄生位置又可细分为主引导记录病毒和分区引导记录病毒。主引导记录病毒感染硬盘的主引导区,如大麻病毒、2708 病毒、火炬病毒等;分区引导记录病毒感染硬盘的活动分区引导记录,如小球病毒、Girl 病毒等。

（2）文件型病毒。顾名思义，文件型病毒是指能够寄生在文件中的计算机病毒。文件型病毒主要以感染文件扩展名为.com、.exe 和.ovl 等可执行程序为主。它的安装必须借助于病毒的载体程序，即要运行病毒的载体程序才能把文件型病毒引入内存。已感染病毒的文件执行速度会减缓，甚至完全无法执行。有些文件遭感染后，一执行就会遭到删除。大多数的文件型病毒都会把它们自己的代码复制到其宿主的开头或结尾处。这会造成已感染病毒文件的长度变长，但用户不一定能用 DIR 命令列出其感染病毒前的长度。也有部分病毒是直接改写"受害文件"的程序码，因此文件感染病毒后长度仍然维持不变。

（3）混合型病毒。混合型病毒又称为复合型病毒。混合型病毒是指具有引导型病毒和文件型病毒寄生方式的计算机病毒。这种病毒扩大了病毒程序的传染途径，它既感染磁盘的引导记录又感染可执行文件。当染有此种病毒的磁盘用于引导系统或调用执行染毒文件时，病毒都会被激活。因此在检测、清除复合型病毒时，必须全面彻底地根治。如果只发现该病毒的一个特性，把它只当作引导型或文件型病毒进行清除，虽然好像是清除了，但还留有隐患，这种经过消毒后的"洁净"系统更赋有攻击性。这种病毒有 Flip 病毒、新世纪病毒、One-half 病毒等。

3. 按连接方式划分

（1）源码型病毒。这种病毒攻击高级语言编写的程序。这种病毒在高级语言所编写的程序编译前插入到源程序中，经编译成为合法程序的一部分。

（2）嵌入型病毒。这种病毒是将自身嵌入到现有的程序中，把计算机病毒的主体程序与其攻击的对象以插入的方式链接。这种计算机病毒是难以编写的，一旦侵入程序体后也较难消除。如果同时采用多态性病毒技术、超级病毒技术和隐蔽性病毒技术，将给当前的反病毒技术带来严峻的挑战。

（3）外壳型病毒。外壳型病毒将自身包围在主程序的四周，不修改原来的程序。这种病毒最为常见，易于编写，也易于发现，一般测试文件的大小即可知。

（4）操作系统型病毒。这种病毒用它自身的程序意图加入或取代部分操作系统进行工作，具有很强的破坏力，可以导致整个系统的瘫痪。圆点病毒和大麻病毒就是典型的操作系统型病毒。这种病毒在运行时，用自己的逻辑部分取代操作系统的合法程序模块，根据病毒自身的特点和被替代的操作系统中合法程序模块在操作系统中运行的地位与作用，以及病毒取代操作系统的取代方式等，对操作系统进行破坏。

4. 按病毒寄生的部位或传染对象划分

（1）磁盘引导区传染的计算机病毒。磁盘引导区传染的计算机病毒主要是用病毒的全部或部分逻辑取代正常的引导记录，而将正常的引导记录隐藏在磁盘的其他地方。由于引导区是磁盘能正常使用的先决条件，因此，这种病毒在运行的一开始（如系统启动）就能获得控制权，其传染性较大。由于在磁盘的引导区内存储着需要使用的重要信息，如果对磁盘上被移走的正常引导记录不进行保护，则在运行过程中就会导致引导记录的破坏。引导区传染的计算机病毒较多，如"大麻""小球"病毒。

（2）操作系统传染的计算机病毒。操作系统是一个计算机系统得以运行的支持环境，它包括.com、.exe 等许多可执行程序及程序模块。操作系统传染的计算机病毒就是利用操作系统中所提供的一些程序及程序模块寄生并传染的。通常，这类病毒作为操作系统的一部分，只要计算机开始工作，病毒就处在随时被触发的状态。而操作系统的开放性和不绝对完善性，给这类病毒出现的可能性与传染性提供了方便。操作系统传染的病毒目前已广泛存在，"黑色星期五"即为此类病毒。

(3)可执行程序传染的计算机病毒。可执行程序传染的病毒通常寄生在可执行程序中，一旦程序被执行，病毒也就被激活。病毒程序首先被执行，并将自身驻留内存，然后设置触发条件，进行传染。

二、计算机病毒的防范

计算机病毒的防范技术总是在与病毒的较量中得到发展的。计算机病毒和其他别的计算机程序一样，也是由人编写出来的。因此，我们既不能害怕它也不能轻视它。既然它是由人来编写的，那就会有办法对付。总的来讲，计算机病毒的防范技术分为检测、清除、免疫和防御4个方面。当前除免疫技术因找不到通用的免疫方法而进展不大外，其他3项技术都有相当快的进展。

1. 计算机病毒的预防

计算机病毒防范的关键是做好预防工作，即防患于未然。对于预防工作，各级单位应当制定出一套具体措施，以防止病毒的相互传播。从个人的角度来说，每个人不仅要遵守病毒防治的有关措施，还要不断增长知识，积累防治病毒的经验，既不要成为病毒的制造者，也不要成为病毒的传播者。

要做好计算机病毒的预防工作，从各级单位而言，建议从以下两个方面着手。

(1)树立牢固的计算机病毒的预防思想。解决病毒的防治问题，最关键的一点是要在思想上给予足够的重视。由于计算机病毒的隐蔽性和主动攻击性，要杜绝病毒的传染，在目前的计算机系统总体环境下，特别是对于网络系统和开放式系统而言，几乎是不可能的。因此，以预防为主，制定出一系列的安全措施，可大大降低病毒的传染，而且即使受到传染，也可立即采取有效措施将病毒消除。

(2)堵塞计算机病毒的传染途径。堵塞传播途径是预防计算机病毒侵入的有效方法。根据病毒传染途径，确定严防死守的病毒入口点，同时做一些经常性的病毒检测工作，最好在计算机中装入具有动态预防病毒入侵功能的系统，将病毒的入侵率降低到最低限度，同时也可将病毒造成的危害减少到最低限度。

就个人而言，对计算机病毒的预防应从以下几个方面展开。

(1)树立病毒防范意识，从思想上重视计算机病毒给计算机安全运行带来的危害。

(2)安装正版的杀毒软件和防火墙，并及时升级到最新版本。

(3)及时对系统和应用程序进行升级，及时更新操作系统，安装相应补丁程序，从根源上杜绝黑客利用系统漏洞攻击用户的计算机。

(4)把好入口关。很多计算机都是因为使用了含有病毒的盗版光盘，拷贝了隐藏病毒的U盘资料等而感染病毒的，所以必须把好计算机的"入口"关。在使用光盘、U盘，以及从网络上下载的程序之前,必须使用杀毒工具进行扫描,查看是否带有病毒,确认无毒之后再使用。

(5)不要登录不明网站、黑客网站或者其他链接信息,不随便打开或运行陌生文件和程序,如邮件中的陌生附件,外挂程序等。

(6)养成良好的使用计算机的习惯,在日常使用过程中,养成定期查毒、杀毒的习惯。因为有的病毒存在潜伏期,在特定的时间会自动发作,所以要定期对自己的计算机进行检查,一旦发现感染了病毒,要及时清除。

2. 计算机病毒的检测

在与计算机病毒的对抗中,及早发现病毒很重要。早发现早处置,可以减少损失。检测病毒方法有:特征代码法、校验和法、行为监测法、软件模拟法。这些方法依据的原理不同,实现时所需开销不同,检测范围不同,各有所长。

(1)特征代码法。特征代码法被早期应用于 SCAN、CPAV 等著名病毒检测工具中。国外专家认为特征代码法是检测已知病毒的最简单、开销最小的方法。特征代码法的实现步骤如下。

● 采集已知病毒样本,病毒如果既感染 COM 文件又感染 EXE 文件,对这种病毒要同时采集 COM 型病毒样本和 EXE 型病毒样本。

● 在病毒样本中,抽取特征代码。抽取原则有 3 点。①抽取的代码比较特殊,不大可能与普通正常程序代码吻合。②抽取的代码要有适当长度,一方面维持特征代码的唯一性,另一方面又不要有太大的空间与时间的开销。如果一种病毒的特征代码增长一字节,要检测 3 000 种病毒,增加的空间就是 3 000 字节。在保持唯一性的前提下,尽量使特征代码长度短些,以减少空间与时间开销。③在既感染 COM 文件又感染 EXE 文件的病毒样本中,要抽取两种样本共有的代码。

● 将特征代码纳入病毒数据库。

● 打开被检测文件,在文件中搜索,检查文件中是否含有病毒数据库中的病毒特征代码。如果发现病毒特征代码,经特征代码与病毒一一对应,便可以断定出被查文件中患有何种病毒。

采用特征代码法检测病毒的工具,面对不断出现的新病毒,必须不断更新版本,否则检测工具便会逐渐失去实用价值。特征代码法对从未见过的新病毒,自然无法知道其特征代码,因此不能用特征代码法检测这些新病毒。

特征代码法的特点主要有以下几点。

● 速度慢。随着病毒种类的增多,检索时间变长。如果检索 5 000 种病毒,必须对 5 000 个病毒的特征代码逐一检查。如果病毒种数再增加,检病毒的时间开销就变得十分可观。

● 误报警率低。

● 不能检查多形性病毒(又称为多态性病毒)。特征代码法是不可能检测多形性病毒的,国外专家认为多形性病毒是病毒特征代码法的索命者。

● 不能对付隐蔽性病毒。如果隐蔽性病毒先进驻内存,后运行病毒检测工具,隐蔽性病毒可能先于检测工具将被查文件中的病毒代码剥去,检测工具因是在检查一个虚假的"好文件"而不能报警,被隐蔽性病毒所蒙骗。

特征代码法的优点是:检测准确快速、可识别病毒的名称、误报警率低、可依据检测结果做解毒处理。其缺点是：不能检测未知病毒、搜集已知病毒特征代码的费用开销大、在网络上效率低（在网络服务器上，因长时间检索会使整个网络性能变坏）。

(2) 校验和法。计算正常文件内容的校验和，将该校验和写入该文件中或其他文件中保存。在文件使用过程中，定期或每次使用文件前，计算文件内容的校验和，看是否与原来保存的校验和一致，从而可以判断文件是否感染，这种方法叫做校验和法，它既可发现已知病毒又可发现未知病毒。在 SCAN 和 CPAV 工具的后期版本中，除病毒特征代码法外，还纳入了校验和法，以提高其检测能力。

校验和方法虽然既能发现已知病毒又能发现未知病毒，但是不能识别病毒类型，不能报出病毒名称。由于病毒感染并非文件内容改变的唯一的非他性原因，文件内容的改变有可能是正常程序引起的，所以校验和法常常误报警。而且此种方法也会影响文件的运行速度。

病毒感染的确会引起文件内容变化，但是校验和法对文件内容的变化太敏感，又不能区分正常程序引起的变动，而频繁报警。用监视文件的校验和来检测病毒，不是最好的方法。当遇到已有软件版更新、变更口令、修改运行参数等情况，校验和法都会误报警。校验和法对隐蔽性病毒无效，因为隐蔽性病毒进驻内存后，会自动剥去染毒程序中的病毒代码，使一个有毒文件的校验和与正常文件的校验和一致。

运用校验和法查病毒采用以下 3 种方式。

● 在检测病毒工具中纳入校验和法，对被查的对象文件计算其正常状态的校验和，将校验和值写入被查文件或检测工具，而后进行比较。

● 在应用程序中，放入校验和法自我检查功能，将文件正常状态的校验和写入文件，每当应用程序启动时，比较现行校验和与原校验和值。实现应用程序的自检测。

● 将校验和检查程序常驻内存，每当应用程序开始运行时，自动比较检查应用程序内部或别的文件中预先保存的校验和。

校验和法的优点是：方法简单、能发现未知病毒、被查文件的细微变化也能发现。其缺点是：发布通行记录正常态的校验和、会误报警、不能识别病毒名称、不能对付隐蔽型病毒。

(3) 行为监测法。利用病毒的特有行为的特征性来监测病毒的方法，称为行为监测法。通过对病毒多年的观察、研究，有一些行为是病毒的共同行为，而且比较特殊。在正常程序中，这些行为比较罕见。当程序运行时，监视其行为，如果发现了病毒行为，立即报警。作为行为监测法中被监测病毒的行为特征如下。

● 占有 INT 13H。所有引导型病毒都攻击 Boot 扇区或主引导扇区。系统启动时，当 Boot 扇区或主引导扇区获得执行权时，系统刚刚开工。一般引导型病毒都会占用 INT 13H 功能，因为其他系统功能未设置好，无法利用。引导型病毒占据 INT 13H 功能，并在其中放置病毒所需的代码。

● 改 DOS 系统为数据区的内存总量。病毒常驻内存后，为了防止 DOS 系统将其覆盖，必须修改系统内存总量。

● 对 COM、EXE 文件做写入动作。病毒要感染，必须写 COM、EXE 文件。

● 病毒程序与宿主程序的切换。染毒程序运行中，先运行病毒后执行宿主程序。

行为监测法的优点主要有：可发现未知病毒、可相当准确地预报未知的多数病毒。其缺点主要有：可能误报警、不能识别病毒名称、实现时有一定难度。

(4) 软件模拟法。多态性病毒每次感染都使病毒密码发生变化，对付这种病毒，特征代码法失效。因为多态性病毒代码实施密码化,而且每次所用密钥不同,把染毒的病毒代码相互比较,也无法找出相同的可能作为特征的稳定代码。虽然行为检测法可以检测多态性病毒,但是在检测出病毒后,因为不知病毒的种类,所以难于做消毒处理。

3．计算机病毒的清除

当用户发现自己的计算机存在病毒,且用杀毒软件无法清除时,首先想到的是格式化硬盘,重新安装系统。这种清除病毒的方法造成的损失可能比病毒造成的直接损失更严峻,而且"得不偿失",因为对硬盘进行高级格式化,也无法清除主引导记录中的引导性病毒。(低级格式化可以,但太伤硬盘)

清除感染文件中的病毒代码,使之恢复为可以正常运行的无病毒文件,这个过程称为病毒清除。安全的计算机病毒清除工作完全基于正确可靠的病毒检查工作。大多数情况下都是利用杀毒软件自动清除,因此发现病毒后清除病毒的一般步骤是:

(1)升级病毒库到最新,进入安全模式进行全盘查杀。

(2)发现删除注册表中可以自动启动的可疑键值(进行重命名,防止误删除。若删除/重命名后按 F5 刷新,发现无法删除/重命名,则可以肯定是病毒的启动键值)。

(3)若系统配置文件被更改,需先删除注册表中的键值,再更改系统配置文件。

(4)断开网络连接,进入安全模式全盘杀毒。

(5)若病毒在系统还原区,要先封闭系统还原再查杀。

(6)若病毒在临时文件夹,要先清空临时文件再查杀。

(7)若系统安全模式下杀毒无效,则建议到 DOS 下查杀。

4．计算机病毒的免疫

计算机病毒的免疫技术目前没有很大发展。只针对某一种病毒的免疫方法已没有人再用了,而目前尚没有出现通用的能对各种病毒都有免疫作用的技术,也许根本就不存在这样一种技术。现在,某些反病毒程序使用的方法是为可执行程序增加保护性外壳,能在一定程度上起保护作用。若在增加保护性外壳前该文件已经被某种尚无法由检测程序识别的病毒感染,则此时作为免疫措施为该程序增加的保护性外壳就会将程序连同病毒一起保护在里面。等检测程序更新了版本,能够识别该病毒时,又因为保护程序外壳的"护驾",而不能检查出该病毒。另外,某些如 DIR 2 类的病毒仍能突破这种保护性外壳的免疫作用。

理论知识点九:防火墙概述

防火墙(firewall)成为近年来新兴的保护计算机网络安全技术性措施。它是一种隔离控制技术,在某个机构的网络和不安全的网络(如 Internet)之间设置屏障,阻止对信息资源的非法访问,也可以使用防火墙阻止重要信息从企业的网络上被非法输出。作为 Internet 网的安全性保护软件,firewall 已经得到广泛的应用。

所谓防火墙指的是一个由软件和硬件设备组合而成、在内部网和外部网之间、专用网与公共网之间的界面上构造的保护屏障;是一种获取安全性方法的形象说法,它是一种计算机硬件和软件的结合,使内部网与外部网之间建立起一个安全网关(Security Gateway),从而保护内部网免受非法用户的侵入,如图 7-28 所示。防火墙主要由服务访问规则、验证工具、包过滤和应用网关4个部分组成,防火墙就是一个位于计算机和它所连接的网络之间的软件或硬件。该计算机流入、流出的所有网络通信和数据报均要经过此防火墙。

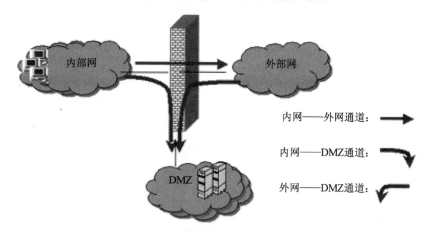

图 7-28　防火墙

防火墙是一项协助确保信息安全的设备,会依照特定的规则,允许或是限制传输的数据通过。防火墙可以是一台专属的硬件也可以是架设在一般硬件上的一套软件。防火墙通常被安装在受保护的内部网络和连接到因特网的节点上。通过防火墙设定的一系列安全策略对传输的数据报进行检查,并确定网络之间的数据通信是否被允许。所以防火墙具有两个重要作用:

(1)限制人们从一个特别的控制点进入,从而防止网络入侵者进入计算机网络的内部设施。

(2)限制人们从一个特别的控制点离开,从而有效地保护系统内部的资源。

也就是说,防火墙是在两个网络通信时执行的一种访问控制尺度,它能允许你"同意"的人和数据进入你的网络,同时将你"不同意"的人和数据拒之门外,最大限度地阻止网络中的黑客来访问你的网络。换句话说,如果不通过防火墙,公司内部的人就无法访问Internet,Internet上的人也无法和公司内部的人进行通信。

最初的防火墙是一个包过滤器,它只是部署在网络周边的一个具有简单包过滤功能的路由器,但是却具有很弱功能的防火墙作用。随着计算机网络技术不断发展和进步,防火墙功能越来越强大,且防火墙产品也越来越丰富。比如,Norton个人防火墙、天网个人防火墙和Sygate防火墙等,这些防火墙都是专门针对一般用户设计的,其设置界面比较简单,且用户只需要掌握较少的网络防护知识就可以进行设置。

还有一类防火墙为用户提供图形化的界面,供用户配置和监控网络的通信流量。通常这种防火墙是专门用于保护和监视网络,如Check Point NG防火墙。往往这类防火墙是专业防火墙,其设置选项都是比较复杂的。除了这些软件防火墙之外,还有一类防火墙是基于硬件的,我们把这类防火墙称为硬件防火墙。硬件防火墙也通常包含一些相应的软件,所以不用添加额外的软件就可以将这样的防火墙添加到网络上。不论是硬件防火墙还是软件防火墙,只有正确地配置防火墙才能使防火墙发挥它的功能,保证其正常运行。即使功能比较先进的防火墙,如果配置不当,也不会起到好的作用。

【实践任务】

实践任务：计算机网络 IP 地址设置

任务描述

为连接在网络中的计算机设置 IP 地址，要求将 IP 地址设为：192.168.1.8；子网掩码为：255.255.255.0；默认网关为：192.168.1.1；首选 DNS 服务器为：202.102.152.3；备用 DNS 服务器为：202.102.128.68。

实现步骤

步骤 1：在 Windows 7 操作系统的桌面上找到"网络"图表，并选中，如图 7-29 所示。

图 7-29 选中"网络"图标

步骤 2：右键单击鼠标，在弹出的菜单中单击"打开"功能按钮，进入"网络"界面，单击界面顶部的"网络和共享中心"功能按钮，如图 7-30 所示。

图 7-30 进入"网络和共享中心"

步骤3：进入"网络和共享中心"后，单击界面左侧的"更改适配器设置"按钮，如图7-31所示。

图7-31 选择"更改适配器设置"功能按钮

步骤4：单击"更改适配器设置"功能按钮后，进入"本地连接"界面，找到"本地连接"图标，如图7-32所示。

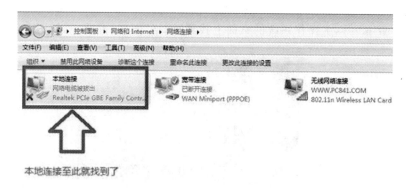

图7-32 Windows 7"本地连接"入口

步骤5：选定"本地连接"，单击鼠标右键，在弹出的菜单中单击"属性"按钮，如图7-33所示。

图7-33 选择"本地连接"的"属性"选项

步骤6：打开"本地连接属性"对话框，选择"网络"选项卡，在这里可以更改本地连接的IP地址。由于要设置的IP地址是IPv4地址，所以选择"Internet协议版本4(TCP/IPv4)"，然后单击"属性"按钮，如图7-34中的过程1、2和3所示。

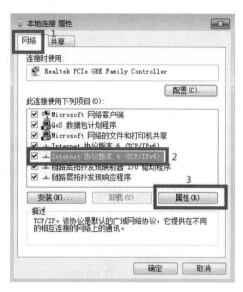

图7-34　"网络"选项卡

步骤7：单击"属性"按钮后，进入Windows 7的"本地连接"设置界面，如图7-35所示。第一步，选择"使用下面的IP地址(S)："；第二步，依次在文本框中输入"IP地址"：192.168.1.8；"子网掩码"：255.255.255.0；"默认网关"：192.168.1.1；第三步，选择"使用下面的DNS服务器地址(E)："，并依次在文本框中输入"首选DNS服务器"：202.102.152.3，"备用DNS服务器"：202.102.128.68；第四步，单击"确定"按钮。

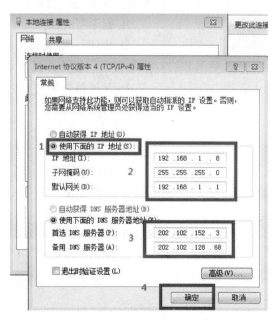

图7-35　"本地连接"设置界面

 思考与练习

一、填空题

1. 为了指导计算机网络的互联、互通和互操作,ISO 颁布了 OSI 参考模型,其基本结构分为(　　)。

　　A. 6 层　　　　　　　　B. 7 层　　　　　　　　C. 5 层　　　　　　　　D. 4 层

2. 按照网络分布和覆盖的地理范围,可将计算机网络分为(　　)。

　　A. 局域网、互联网和 internet 网　　　　B. 广域网、局域网和城域网

　　C. 广域网、互联网和城域网　　　　　　D. Internet 网、城域网和 Novell 网

3. 计算机网络技术包含的两个主要技术是计算机技术和(　　)。

　　A. 微电子技术　　　　　　　　　　　　B. 通信技术

　　C. 数据处理技术　　　　　　　　　　　D. 自动化技术

4. 下列传输介质中,提供的带宽最大的是(　　)。

　　A. 双绞线　　　　　　　　　　　　　　B. 普通电线

　　C. 同轴电缆　　　　　　　　　　　　　D. 光缆

5. 下面关于计算机病毒描述正确的有(　　)。

　　A. 计算机病毒是程序,计算机感染病毒后,可以找出病毒程序,进而清除它

　　B. 只要计算机系统能够使用,就说明没有被病毒感染

　　C. 只要计算机系统的工作不正常,一定是被病毒感染了

　　D. U 盘写保护后,使用时一般不会被感染上病毒

6. 当用各种清病毒软件都不能清除软盘上的系统病毒时,则应对此软盘(　　)。

　　A. 丢弃不用　　　　　　　　　　　　　B. 删除所有文件

　　C. 重新格式化　　　　　　　　　　　　D. 删除 command.com

7. 计算机病毒是影响计算机使用并能自我复制的一组计算机指令或(　　)。

　　A. 程序代码　　　　　　　　　　　　　B. 二进制数据

　　C. 黑客程序　　　　　　　　　　　　　D. 木马程序

8. IP 地址分为(　　)。

　　A. AB 两类　　　　　　　　　　　　　B. ABC 三类

　　C. ABCD 四类　　　　　　　　　　　　D. ABCDE 五类

9. 网络主机的 IP 地址由一个(　　)的二进制数字组成。

　　A. 8 位　　　　　　B. 16 位　　　　　　C. 32 位　　　　　　D. 64 位

10. 计算机网络拓扑是通过网中节点与通信线路之间的几何关系表示(　　)。

　　A. 网络结构　　　　　　　　　　　　　B. 网络层次

　　C. 网络模型　　　　　　　　　　　　　D. 网络协议

二、填空题

1. DNS 服务器的主要作用是_____。

2. OSI 参考模型分为 7 层,分别是物理层、数据链路层、_____、传输层、会话层、表示层和应用层。

3. 局域网分布范围小,一般在小区域内使用。其英文缩写为_____。

4. 被称为最早的网络的是_____网。

5. Internet 中各个网络之间能进行信息交流靠的是网络上世界语:_____。

6. 计算机病毒的主要特点是_____、潜伏性、破坏性、隐蔽性。

7. 使用双绞线组网,双绞线和其他网络设备(如网卡)连接使用的接头必须是_____接头(水晶头)。

8. WWW 又称为_____。

9. 中国教育科研网的英文简写是_____。

10. 中国的顶级域名是_____。

三、上机操作题

按要求将连接在网络中的计算机 IP 地址设为:192.168.0.84;子网掩码为:255.255.255.0;默认网关为 192.168.0.1;首选 DNS 服务器为:202.152.15.3;备用 DNS 服务器为:202.152.108.8。

附录 汉字输入法

汉字输入法主要有键盘输入法和非键盘输入法两种模式,这里主要介绍键盘输入法。

1. 拼音输入法

拼音输入方法以搜狗拼音输入法、智能 ABC 输入法和微软拼音输入法等为代表。当输入单个字时,直接输入对应的拼音即可。在需要输入词组时,可以直接输入全拼,如要输入中文"计算机"直接输入"jisuanji"就可。

2. 五笔字型输入法

五笔字型输入法是一种以字形为输入依据,通用性强的输入法。这种输入法根据汉字的组成特点,把汉字拆成对应的字根,每个字根和一个键位相对应。

(1)笔画。汉字的基本笔画可以归结为横、竖、撇、捺、折 5 类。这 5 类笔画分别以 1~5 为代号,分布于英文键盘的 5 个区,这便是"五笔字型"输入法编码的基本依据。笔画对照表如附表 1 所示。

附表 1 笔画对照表

笔画代号	笔画名称	笔画走向	同类笔画
1	横(一)	左-右	提
2	竖(丨)	上-下	竖勾
3	撇(丿)	右上-左下	
4	捺(㇏)	左上-右下	点
5	折(乙)	带转折	横勾、竖提、横折勾、竖弯勾等

(2)键盘的 5 个区。汉字中形态相似、笔画数大致相同的部件,作为编码的基本单元即"码元"。这些码元分配在键 A~Y 的 25 个英文字母键上("z"键用作万能查询键,不参与普通编码)。根据首笔代号不同,这些码元分别属于 5 个键盘区。

- 第 1 区:GFDSA,主要放置横起笔的码元,如"王土大木工"等。
- 第 2 区:HJKLM,主要放置竖起笔的码元,如"目日口田山"等。
- 第 3 区:TREWQ,主要放置撇起笔的码元,如"禾白月人金"等。
- 第 4 区:YUIOP,主要放置点起笔的码元,如"言立水火之"等。
- 第 5 区:NBVCX,主要放置折起笔的码元,如"已子女又幺"等。

码元第一笔的代号与其所在区号一致,如"禾、白、月、人、金"首笔为撇,撇的笔画代号为 3,故它们都在 3 区。码元第二笔的代号与其所在位号一致,如"土、白、门"的第二笔为竖,竖的代号为 2,故它们位号都为 2。

单笔画"一、丨、丿、丶、乙"都在第1位,两个单笔画的复合笔画"二、刂、冫、了"都在第2位,三个单笔画复合起来的码元"三、川、彡、氵、巛",其位号都是3。各区的位号,都从键盘的中部,向两端排列,这样就使得双手放到键盘上时,位号的顺序与食指到小指的顺序相一致。

(3)汉字的码元结构。根据码元之间的位置关系,可以把汉字分成3种类型。

● 左右型:如汉、湘、结、封。

● 上下型:如字、莫、华、花。

● 杂合型或独体字:如困、凶、道、天。

汉字编取码时,若某些汉字码元较少而不好拆分笔画,便需要补加上述字形信息,称为末笔识别码。

(4)码元的笔画结构。用5种笔画组成码元时,其间的关系可分为4种。

● 单:即五种笔画自身。

● 散:组成码元的笔画之间有着一定的间距,如三、八、心等。

● 连:组成码元的笔画之间是相连接,可以是单笔与单笔相连,也可以是笔笔相连,如厂、人、尸、弓等。

● 交:组成码元的笔画是彼此相互交叉的,如十、力、水、车等。

将汉字拆分为码元与笔画时,原则是取大优先、兼顾直观、能连不交、能散不连。

● 取大优先:如平→一、丷、丨

● 兼顾直观:如自→丿、目

● 能连不交:如天→一、大(注:不能拆成"二、人",因为两者相交)

● 能散不连:如占→卜、口(注:都不是单笔画,应视为上下关系)

(5)单字输入规则与末笔识别码。这里的单字是指除键名汉字和成字码元汉字外的汉字。如果一个字可以取够4个码元,就全部用码元键入,只有在不足4个码元的情况下,才有必要追加识别码,如副→一、口、田、刂(GKLJ);给→纟、人、一、口(XWGK);汉→氵、又(ICY)。

对识别的末笔,这里有两点规定,规定取被包围的那一部分笔画结构的末笔。①所有包围型汉字中的末笔,规定取被包围的那一部分笔画结构的末笔。如"国、其",其末笔应取"丶",识别码为(I);远,其末笔应取"乙",识别码为(V)。②对于码元"刀、九、力、七",虽然只有两笔,但一般人的笔顺却常有不同,为了保持一致和照顾直观,规定:凡是这4种码元当作"末"而有需要识别时,一律用它们向右下角伸得最长最远得笔画"折"来识别,如仇(WVN)、化(WXN)。

(6)键名字。键名是指组字频度较高,而形体上又有一定代表性的码元,它们中绝大多数本身就是汉字,只要把它们所在键连击4次就可以了,如王(GGGG)、立(UUUU)。

在86版和98版五笔字型中,键名码元都是以下25个。

1区:王土大木工

2区:目日口田山

3区:禾白月人金

4区:言立水火之

5区:已子女又幺

(7)成字码元。在每个键位上,除了严格键名码元外,还有数量不等的几种其他码元,它们中间的一部分其本身也是一个汉字,称之为成字码元。其输入方法是:

键名代码+首笔代码+次笔代码+末笔代码。

如果该码元只有两笔画,则以空格键结束,如由(MHNG)、十(FGH)。

而 5 种单笔画的编码则为:

一(GGLL);丨(HHLL);丿(TTLL);丶(YYLL);乙(NNLL)。

(8)一、二、三级简码。为了提高输入速度,将常用汉字只取前边一个、两个或 3 个码元构成简码。

● 一级简码。

1 区:一(G) 地(F) 在(D) 要(S) 工(A)

2 区:上(H) 是(J) 中(K) 国(L) 同(M)

3 区:和(T) 的(R) 有(E) 人(W) 我(Q)

4 区:主(Y) 产(U) 不(I) 为(O) 这(P)

5 区:民(N) 了(B) 发(V) 以(C) 经(X)

● 二级简码。二级简码共有 $25 \times 25 = 625$ 个组合,只要取其前两个码元加空格键即可,如吧→口、巴(KC);给→纟、人(XW)。

● 三级简码。三级简码由单字的前 3 个根字码组成,只要取一个字的前 3 个码元加空格即可,如

华→人、七、十、二(WXFJ),简码 WXF。

〖小提示〗

用户可以使用"Ctrl+Shift"键在各种输入法之间转换,也可以使用"Ctrl+空格键"启动和关闭中文输入法。

参 考 文 献

[1] 吕英华. 大学计算机基础教程:Windows 7＋Office 2010[M]. 北京:人民邮电出版社,2014.
[2] 干彬,王家福,邱学军. 大学计算机基础实用教程[M]. 北京:人民邮电出版社,2014.
[3] 温秀梅,祁爱华,刘晓群,等. 大学信息技术基础教程:Windows 7＋Office 2010[M]. 北京:清华大学出版社,2014.
[4] 董卫军. 大学文科计算机基础[M]. 北京:科学出版社,2012.
[5] 王爱英. 计算机组成与结构[M]. 北京:清华大学出版社,2001.
[6] 白中英. 计算机组成原理[M]. 5版. 北京:科学出版社,2013.
[7] 李智慧,陈军,李冬松,等. 计算机办公软件应用案例教程:Windows 7＋Office 2010[M]. 北京:清华大学出版社,2013.
[8] 刘瑞新. 大学计算机基础:Windows 7＋Office 2010[M]. 北京:机械工业出版社,2015.
[9] 孔祥东. Office 2010从新手到高手[M]. 北京:科学出版社,2012.
[10] 王文生,董玮. 大学计算机基础教程[M]. 大连:东软电子出版社,2012.
[11] 谢希仁. 计算机网络[M]. 6版. 北京:电子工业出版社,2013.
[12] STALLING W. 网络安全基础:应用与标准[M]. 5版. 白国强,等译. 北京:清华大学出版社,2014.
[13] 全国高等网络教育考试委员会办公室. 计算机应用基础:2013年[M]. 修订版. 北京:清华大学出版社,2013.
[14] 冯昊. 计算机网络安全[M]. 北京:清华大学出版社,2011.